구대회가 알려주는
카페 성장 매뉴얼 99

카페 스타트업 북

구대회가 알려주는
카페 성장 매뉴얼 99

카페 스타트업 북

구대회 지음

저자의 글

카페를 창업한다는 것은 커피를 소재로 카페라는 연극을 무대에 올리는 것입니다. 1인 카페를 할 수도 있지만, 카페의 규모와 성격에 따라 배우에 해당하는 직원을 채용하기도 합니다. 때로는 내가 직접 배우가 되고, 연출자가 되기도 하며, 제작자로서 참여하기도 합니다. 한 편의 연극이 성공하기 위해서는 무대에 올리기 전 배우와 연출 그리고 스텝이 호흡을 맞춰 충분한 준비와 연습을 해야 가능합니다. 카페 역시 창업 전에 꼼꼼하게 준비해야 많은 손님이 오래도록 찾는 공간을 만들 수 있습니다.

인간이 태어나면 필연적으로 죽음이 뒤따르듯 기업 또한 자의든 타의든 길고 짧음의 차이만 있을 뿐 결국 폐업을 피할 수 없습니다. 비록 큰 성공을 거두지 못하더라도 하고 싶은 일을 후회 없이 해봤다면 그 자체로도 큰 의미가 있습니다. 폐업이 결정되면 그동안 카페를 찾아준 고객과의 이별, 카페 유무형 자산의 처리와 철거, 거래처와 세무서 등 행정·세무적으로 정리하는 문제에 직면합니다.

이 책은 카페를 성공적으로 시작하고 성장시키며 아름답게 마무리하는 데 필요한 99가지 이야기를 묶은 것입니다. 마치 한 편의 연극을 무대에 올리듯 준비 단계인 1막부터 마무리 단계인 4막까지 구성했습니다. 1막 '카페 한번 해볼까'는 내가 지금 카페를 해도 되는지, 한다면 어떤 카페를 해야 하는지 결정하는 데 도움이 됩니다. 2막 '카페를 시작하기로 했다'는 카페 창업을 위해 어떤 것들을 준비하고 알아야 하는지에 관한 것입니다. 3막 '어떻게 카페를 운영해야 할까'는 성공적으로 카페를 운영하고 확장하는 데 필요한 실전 정보라서 가장 많은 지면을 할애했습니다. 4막 '카페를 그만두기로 했다'는 손해를 최소화하면서 실수 없이 마무리하는 방법을 시간 순서대로 서술한 것입니다.

『카페 스타트업 북』은 『커피집을 하시겠습니까』 『인생커피』 『커피의 본질』 『구쌤의 일대일 커피 수업』에 이은 필자의 다섯 번째 커피 실용서이자 여니북스의 첫 번째 책이기도 합니다. 예비 창업자뿐만 아니라 현재 카페를 운영 중인 사장님까지 곁에 두고 필요한 상황마다 참고할 수 있는 실전 안내서입니다. 카페 운영에 필요한 인사, 노무, 세무, 부동산 법까지 망라하다 보니 부득불 미흡한 점이 없지 않습니다. 행여 잘못된 정보나 부족한 부분이 있는 경우 언제라도 의견을 주시면 다음 개정판에 반영하도록 하겠습니다. 카페를 준비하고 운영하는 모든 분의 성공과 행복을 소망합니다.

이 책이 나오기까지 많은 분들의 도움을 받았습니다. 책을 만드는 과정에 도움을 준 분들, 구대회커피를 아끼고 찾는 이름을 열거할 수 없는 많은 고객, 그리고 불철주야 구대회커피의 성장과 발전을 위해 애쓰고 있는 직원들에게 머리 숙여 인사를 전합니다. 2006년 2월 세계 여행 중 로마에서 우연히 만나 결혼을 하고, 그 뒤에도 1년여간 험지를 함께 여행했으며, 지금은 구대회커피의 구성원으로서도 든든한 버팀목이 된 사랑하고 존경하는 나의 뮤즈 김현지에게 이 책을 드립니다.

차례

4막 카페를 그만두기로 했다

CAFE BOOK

1막

카페 한번 해볼까

카페가 주는 느낌이나 분위기 때문인지 몰라도
카페를 한다는 것은 편하고
깨끗하다는 인상을 주는데요.
이건 어디까지나 손님일 때 해당하는 이야기입니다.
카페 주인이 되면 상황은 완전히 달라집니다.
공간과 분위기를 소비하는 손님과 달리
주인은 쾌적하고 편한 공간을 만들어야 하며,
카페 특유의 분위기를 조성하기 위해 노력해야 합니다.
가장 쉽게는 청결을 유지하는 것부터 시작되죠.

01 카페를 해도 될까

- 카페 적성검사 체크리스트 -

사람들이 쉽게 하는 말이 있습니다. "카페나 한번 해볼까?" "안 되면 나중에 카페나 하면 되지 뭐." 말처럼 카페는 쉽게 해볼 수 있는 것일까요? 저는 15년 전에 커피를 제 인생의 업으로 삼아야겠다고 마음먹었는데요. 당시만 해도 지금처럼 도움을 받을 수 있는 책이 거의 없었습니다. 주변에 카페를 하는 지인도 없었고요. 솔직히 오랫동안 고민한 것도 아닙니다. 적어도 이 일을 하면 불행하지는 않을 것 같았고, 커피 시장이 커지고 있으니 어느 정도 장사가 되면 가족을 건사하는 데도 문제가 없을 거라 생각했습니다. 그 후 수년 동안 말 못 할 정도의 고생을 했습니다.

어떤 이유에서든 카페를 해보고 싶다는 마음이 들었을 때 다음 질문을 체크해보세요. 답을 할 때는 오래 고민하지 말고 직관적으로 답을 해주세요. 여러분의 마음을 정할 때 도움이 될 것입니다.

항목은 크게 커피, 청결, 친절, 상처, 시간 관리에 관한 것입니다.

✦ 커피를 얼마나 좋아하나요?

① 매우 그렇다 ② 그렇다 ③ 보통이다 ④ 아니다 ⑤ 매우 아니다

✦ 혼자 있는 시간을 잘 보내는 편인가요?

① 매우 그렇다 ② 그렇다 ③ 보통이다 ④ 아니다 ⑤ 매우 아니다

✦ 어떤 일에 싫증을 잘 내지 않나요?

① 매우 그렇다 ② 그렇다 ③ 보통이다 ④ 아니다 ⑤ 매우 아니다

✦ 평소 주변 정리, 정돈을 잘하는 편인가요?

① 매우 그렇다 ② 그렇다 ③ 보통이다 ④ 아니다 ⑤ 매우 아니다

✦ 청결에 대한 이해 정도와 실천은 어떠한가요?

① 매우 그렇다 ② 그렇다 ③ 보통이다 ④ 아니다 ⑤ 매우 아니다

✦ 남의 말에 상처를 잘 안 받나요?

① 매우 그렇다 ② 그렇다 ③ 보통이다 ④ 아니다 ⑤ 매우 아니다

✦ 기분 나쁜 일이 있으면 마음에 담아두지 않나요?

① 매우 그렇다 ② 그렇다 ③ 보통이다 ④ 아니다 ⑤ 매우 아니다

✦ 누군가를 기쁘게 하는 일에 관심이 많나요?

① 매우 그렇다 ② 그렇다 ③ 보통이다 ④ 아니다 ⑤ 매우 아니다

✦ 커피를 배우는 것에 관심이 많나요?

① 매우 그렇다 ② 그렇다 ③ 보통이다 ④ 아니다 ⑤ 매우 아니다

✦ 남의 말에 귀를 잘 기울이나요?

① 매우 그렇다 ② 그렇다 ③ 보통이다 ④ 아니다 ⑤ 매우 아니다

✦ 기분이 나빠도 속으로 잘 참나요?

① 매우 그렇다 ② 그렇다 ③ 보통이다 ④ 아니다 ⑤ 매우 아니다

✦ 커피에 대한 공부와 경험이 충분한가요?

① 매우 그렇다 ② 그렇다 ③ 보통이다 ④ 아니다 ⑤ 매우 아니다

✦ **카페인에 대한 민감도는 낮은가요?**

① 매우 그렇다 ② 그렇다 ③ 보통이다 ④ 아니다 ⑤ 매우 아니다

✦ **평소 장시간 서 있는 것에 무리가 없나요?**

① 매우 그렇다 ② 그렇다 ③ 보통이다 ④ 아니다 ⑤ 매우 아니다

✦ **주변에서 손맛이 좋다는 말을 많이 듣나요?**

① 매우 그렇다 ② 그렇다 ③ 보통이다 ④ 아니다 ⑤ 매우 아니다

✦ **집이나 사무실 바닥에 오물이 떨어져 있으면 바로 치우나요?**

① 매우 그렇다 ② 그렇다 ③ 보통이다 ④ 아니다 ⑤ 매우 아니다

✦ **평소 꼼꼼하다는 말을 자주 듣나요?**

① 매우 그렇다 ② 그렇다 ③ 보통이다 ④ 아니다 ⑤ 매우 아니다

✦ **실내에 오래 있으면 답답함을 느끼지 않나요?**

① 매우 그렇다 ② 그렇다 ③ 보통이다 ④ 아니다 ⑤ 매우 아니다

✦ **선임 또는 후임과는 관계가 좋나요?**

① 매우 그렇다 ② 그렇다 ③ 보통이다 ④ 아니다 ⑤ 매우 아니다

✦ **한번 마음을 먹으면 끝을 보는 편인가요?**

① 매우 그렇다 ② 그렇다 ③ 보통이다 ④ 아니다 ⑤ 매우 아니다

문항당 점수: 1번 - 5점, 2번 - 4점, 3번 - 3점, 4번 - 2점, 5번 - 1점

- 90점 이상: 카페를 해도 좋습니다.
- 80점 이상: 카페를 하는 것을 고려해보세요.
- 80점 미만: 좀 더 생각해보세요.
- 60점 미만: 카페는 손님으로 가세요.
- 전체 문항 중 5번이 5개 이상 나오면 80점 이상이 나왔더라도 좀 더 생각해보세요.

02

카페도 엄연한 회사다

카페가 주는 느낌이나 분위기 때문인지 몰라도 카페를 한다는 것은 편하고 깨끗하다는 인상을 주는데요. 이건 어디까지나 손님일 때 해당하는 이야기입니다. 카페 주인이 되면 상황은 완전히 달라집니다. 공간과 분위기를 소비하는 손님과 달리 주인은 쾌적하고 편한 공간을 만들어야 하며, 카페 특유의 분위기를 조성하기 위해 노력해야 합니다. 가장 쉽게는 청결을 유지하는 것부터 시작되죠.

사람이 태어나면 관할 주소지 동사무소에 출생신고를 하죠. 카페를 하기 위해서는 담당 구청이나 군청에 가서 영업신고증[*] 을 받고, 그다음 관할 세무서에 가서 사업자등록증[**]을 받아야 합니다. 출생신고를 하면 주민등록번호가 나오듯 사업자에게는 고유의 사업자등록번호가 생성

* 영업신고증 준비 서류: 본인 신분증, 임대차계약서, 건강진단결과서(구 보건증), 위생교육수료증.

** 사업자등록증 준비 서류: 본인 신분증, 임대차계약서, 영업신고증.

되는데요. 폐업하기 전까지 이 번호로 사업에 필요한 모든 활동을 하게 되는 거죠. 직원이 없는 1인 사업장이라 할지라도 1인 대표가 되는 것입니다. 즉, 회사를 대표하는 사장님이 되는 것이죠.

왜 카페를 하고 싶은지 물어보면 대개 지금의 직장이 따분하고 스트레스가 많기 때문이라고 말합니다. 카페를 하면 따분함과 스트레스에서 벗어날 수 있을까요? 자유로운 영혼을 꿈꾸는 분이라면 카페에 대한 환상은 접는 것이 좋습니다. 카페에서 하는 업무야말로 그 어떤 직종보다 단순하고 반복적인 일의 연속입니다. 온종일 커피를 추출하고 심지어 2잔 중에 1잔은 아메리카노입니다. 바와 테이블의 오물과 얼룩을 제거하고 바닥에 떨어진 쓰레기를 줍는 것은 매일 매시간 반복되는 일입니다.

커피를 좋아하는 사람도 반복되는 일을 매일 하다 보면 지루하고 재미없을 수 있는데요. 손님들이 맛있다고 칭찬이라도 하면 모르는데 10명 중 9명은 아무 말도 하지 않습니다. 내가 아무리 최선을 다하고 정성을 쏟아도 커피 맛이 예전 같지 않다며 불평 아닌 불평을 하는 손님도 있고요. 어쩌면 좋아했던 커피를 싫어하게 될지도 모를 일입니다.

직장 생활이 아무리 힘들다지만 그래도 매월 정해진 날짜에 월급이 나오고 소속감을 주며 기댈 울타리를 제공합니다. 하지만 회사를 그만두고 사업자를 내는 순간 세상에 혼자 던져지는 것입니다. 오늘 하루 매출이 나쁘면 내일 회복할 수 있는 것도 아니고 누구 하나 나를 도와주는 사람은 없습니다. 나 혼자 세상의 모진 풍파를 견뎌내야 하는 것이죠. 회사에는 몇 명의 상관이 있지만, 사업자를 내는 순간 손님으로 내 매장에 들어오는 모든 사람이 내 상관이라고 생각하면 됩니다.

쉬고 싶을 때 쉬고 놀고 싶을 때 놀겠다는 생각으로 사업을 시작하는 사람은 없을 것입니다. 그런데 카페를 하겠다는 사람 중에는 그런 생각을 가진 사람이 꽤 있어요. 직장 생활이 '월화수목금토일'이라면 사업자는 '월화수목금금금'입니다. 휴무가 없다는 것입니다. 카페를 하면 1달에 2번은 쉬겠다 혹은 매주 일요일은 쉬겠다는 분들이 있어요. 워라밸을 생각하면 정상적이고 좋은 생각입니다. 그런데 사업자에게 워라밸은 존재하지도 않고 있어서도 안 되는 것입니다.

월차는 직장인이 누리는 것입니다. 5인 이상의 직원을 고용한 사업자라면 월차는 본인이 누리는 것이 아니라 직원에게 부여하는 것입니다. 작은 카페에서 5인 이상을 고용하는 것은 흔히 있는 일은 아닙니다만, 어쨌든 직장을 그만두는 순간 월차는 존재하지 않고 휴가는 당분간 꿈도 꾸지 말아야 합니다.

하루 장사를 마치고 카페 문을 닫으면 퇴근하는데요. 자주 있는 일은 아니지만 이런 일도 있죠. 퇴근 후 갑자기 온수기가 터져서 물이 줄줄 새는 경우 어떻게 하겠습니까? 퇴근 후 괜히 마음이 찜찜해 매장으로 돌아와 그것을 일찍 발견했다면 불행 중 다행이지만, 다음 날 출근했는데 매장 바닥 전체가 물로 흥건히 젖어 있다면 어떨까요? 사업자에게 퇴근은 없습니다. 몸은 가게 문을 나섰지만, 마음은 그곳에 두고 오는 것입니다.

앞서 언급한 많은 단점에도 불구하고 내 사업을 하는 이유는 무엇일까요? 그렇습니다. 내가 시간을 지배할 수 있다는 것입니다. 나중에 사업이 잘돼 내가 현장에 없어도 직원들이 매장을 잘 관리할 수도 있고요. 설사 1인 사업장이라 할지라도 내 책임하에 영업 시간을 조정하면서 일을 할 수 있죠. 어찌 보면 직장인처럼 휴가나 월차가 없다는 단점은 시간에 대한 지배권이 온전히 내게 있다는 것을 의미하기도 합니다. 다만 모든 책임은 100%, 내가 온전히 감당해야 한다는 점에서 차이가 있죠.

03 개인 카페를 할까

카페를 하기로 마음먹었다면 이제 2개의 갈림길에서 결정해야 합니다. 바로 개인 카페를 할 것인가 아니면 프랜차이즈 카페를 할 것인가에 대한 고민입니다. 어느 것이 더 좋고 나쁘고의 문제는 아니고 본인이 카페를 하는 목적과 형편에 맞게 선택하면 됩니다. 충분한 시간을 가지고 현재 개인 카페를 하는 분과 프랜차이즈 카페를 하는 분을 모두 만나 현장의 진솔한 얘기를 들어보면 결정하는 데 큰 도움이 됩니다.

개인 카페의 특징은 개성과 자율성입니다. 카페 입지부터 인테리어와 메뉴 구성까지 모두 자신의 형편과 개성에 따라 결정할 수 있습니다. 극단적으로 얘기하면 법적으로 문제만 없다면 깊은 산속 오두막에 카페를 차려도 된다는 것입니다. 투박하고 거칠게 매장을 꾸미고 최대한 단순하게 인테리어를 할 수도 있죠. 메뉴의 종류가 많으면 모든 손님의 기호를 충족시킬 수도 있지만, 반대로 말하면 누구도 만족시킬 수 없다는 얘기도 됩니다. 커피에 자신이 있다면 차라리 오직 커피를 기치로 커피 메뉴 3~4가지만 하는 것이 더 나을 수도 있습니다.

개인 카페는 본인의 기호가 충실히 반영된다는 점에서 매력적인데요. 현재 자신이 가용할 수 있는 예산 내에서 상가를 임차하고 평소 꿈꿨던 개성 넘치는 스타일의 카페를 만드는 재미가 있습니다. 기본에 충실한 커피 메뉴 구성부터 요즘 유행하는 신메뉴를 넣을 수도 있고요. 프랜차이즈 카페와는 달리 시대의 변화에 신속하게 대처할 수 있다는 장점도 있습니다. 요즘 MZ세대에게 인기라는 에스프레소 바를 추가로 설치하고 싶으면 인테리어 일부를 변경하면 됩니다.

하지만 개인 카페가 가지는 한계도 분명 존재합니다. 누구나 개성이 넘치고 창의력이 풍부하며 추진력이 뛰어난 것은 아닙니다. 대부분의 사람은 남이 잘 만든 것을 이용하고 적응하는 데 편안함을 느끼죠. 중심을 잡지 못하고 시대의 변화에 휘둘리다 보면 이도 저도 아닌 상황에 놓이게 됩니다. 전문가의 도움을 받는다고 해도 바의 위치부터 각종 커피 장비의 구성까지 본인이 모두 결정해야 하는데 보통 예산에 맞춰서 하게 되죠. 최악의 경우 프랜차이즈 카페에 비해 개성도 약하고 같은 공간을 구성하는 데 더 큰 비용이 들어가기도 합니다.

04 프랜차이즈 카페를 할까

프랜차이즈 카페의 특징은 규격화와 통일성입니다. 브랜드에 따라서는 하고 싶어도 점포를 내주지 않는 곳도 있습니다. 입지도 마음대로 선택할 수 없는데요. 내 명의의 상가라도 업체에서 판단할 때 적합하지 않다고 하면 할 수 없습니다. 본인이 아무리 인테리어 감각이 뛰어나다고 해도 프랜차이즈 카페를 하기로 마음먹었다면 본인의 의사가 끼어들 여지는 없습니다. 비록 평소 좋아하지 않는 메뉴라 하더라도 판매해야 하고 때에 따라서는 맛을 봐야 합니다. 이런 부분이 다소 불편해 보이지만 다른 것을 신경 쓰지 않고 오직 판매에만 집중할 수 있다는 것이 장점이기도 합니다.

프랜차이즈 카페는 커피에 대한 교육부터 매장 개점까지 턴키로 가능하므로 누구나 큰 어려움 없이 시작할 수 있습니다. 가맹본부에서 매장 위치에 대한 확인을 받으면 인테리어는 평수에 맞게 진행됩니다. 급수, 배수, 전기, 냉난방 시설 등 복잡하고 어려운 공사를 가맹본부가 다 알아서 진행하기 때문에 특별히 신경 쓸 것이 없습니다. 커피 메뉴 또한 기본부터 최신 유행을 반영한 것까지 이미 세팅이 돼 있어서 이 부분에 대한 고민도 없는데요. 새로운 메뉴가 생기면 가맹본부에서 파견한 직원이 레시피 교육을 하기도 합니다.

프랜차이즈 카페의 장점은 때로 단점으로 작용하기도 합니다. 아무리 좋은 메뉴라도 본인의 의지가 조금도 반영될 수 없다는 점이 그것입니다. 본인이 원하는 메뉴를 가맹본부에서 허락할 리는 만무합니다. 매년 있는 일은 아니지만, 브랜드의 인테리어 콘셉트가 바뀌면 부분적으로 인테리어 공사가 진행되기도 합니다. 가끔은 멀쩡한 시설을 바꿔야 하니 이해가 안 되고 답답함을 느끼죠. 처음에는 잘 모르지만, 장사를 하다 보면 지역 또는 상권마다 적합하지 않은 메뉴가 눈에 보입니다. 필요한 메뉴는 추가할 수 없고 인기 없는 엉뚱한 메뉴가 추가되는 일도 있죠.

개인 카페를 하든 프랜차이즈 카페를 선택하든 모든 책임은 본인에게 있습니다. 그 어떤 것을 하더라도 자신이 기대하는 이상의 매출과 수익을 보장하지도 않는데요. 둘 중 어느 하나가 더 좋거나 나쁘거나 한 것도 아니며 더 편하지도 않습니다. 본인의 성향과 형편 그리고 방향성에 따라 선택해야만 귀한 시간과 돈을 아낄 수 있습니다. 신중하게 선택했다면 적어도 2년 정도는 최선을 다해 카페를 운영해야 소기의 목적을 달성할 수 있다는 점 또한 명심하세요.

05 기존 카페를 인수할까

카페를 창업할 때 고려하는 것 중 하나는 기존 카페를 인수할 것인가 아니면 새 카페를 할 것인가입니다. 무엇을 선택하든 장단점이 있으니 본인의 형편에 맞게 결정하면 됩니다. 운이 맞아 위치도 나쁘지 않고 개업한 지 1~2년 미만의 카페를 본인의 예산 범위에 맞게 인수할 수 있다면 꼭 새 카페를 할 필요는 없습니다. 오랫동안 카페를 할 생각이라면 조금 힘들더라도 하나부터 열까지 새롭게 시작하는 것도 분명 배울 게 있습니다.

기존 카페를 인수하는 방법은 크게 2가지입니다. 부동산이나 카페 또는 매장을 거래하는 전문 업체를 통하는 방법과 본인이 직접 발품을 팔아 구하는 것인데요. 아무래도 전자가 다수의 카페를 알아볼 수 있고 신뢰도 측면에서도 도움이 됩니다. 특히 전문 업체를 통해 구하는 경우 그들이 확보한 여러 카페 물건을 볼 수 있다는 장점이 있습니다. 하지만 권리금을 지나치게 높게 부르고 조금 깎아주는 척하면서 중간에서 수수료를 챙기기 때문에 주의해야 합니다. 과거 아파트나 빌라의 전셋집을 구하기 위해 발품을 팔았던 기억이 있을 것입니다. 한 푼이라도 저렴하고 가성비 좋은 집을 찾기 위해 발에서 냄새가 나도록 돌아다녔을 텐데요. 카페도 마찬가지입니다. 얼마나 발품을 파느냐에 따라 기대보다 좋은 매장을 구할 수도 있습니다. 이만하면 많이 알아봤다 싶을 때 조금만 더 힘을 내서 찾아보세요.

기존 카페를 인수하는 것의 장점은 크게 세 가지를 들 수 있습니다. 바로 영업을 할 수 있다는 것, 신규 고객을 확보해야 하는 수고를 덜 수 있다는 것, 카페 창업 시 소요되는 비용을 줄일 수 있다는 것입니다. 카페 시설이 낡지 않았다면 간단한 수리만으로 바로 영업을 할 수 있어서 큰 공사를 하는 번거로움이 없습니다. 기존 고객이 어느 정도 확보됐다면 자리를 잡는 데 걸리는 시간을 줄일 수 있죠. 시설 권리금을 얼마 지급했느냐에 따라 다르지만 인테리어를 하고 커피 기계 등을 구입하는 데 들어가는 비용을 절약할 수 있습니다.

카페를 인수하는 것에 장점만 있는 것은 아닙니다. 장점으로 생각했던 것이 오히려 독이 돼 돌아올 수도 있습니다. 겉으로 봤을 때 멀쩡했던 기계에 문제가 생기는 경우가 있죠. 에스프레소 머신의 일부 부품에 문제가 있어 추출이 일정하게 되지 않거나 연속 추출 시 커피의 품질에 문제가 있는 경우입니다. 또한 온수 보일러에 누수가 되거나 하수도 배관이 막혀 오수가 역류하는 문제도 있는데요. 특히 영업 중에 이런 문제가 발생하면 정말 난감합니다. 만약 3~4년 이상 운영한 카페를 인수한다면 위와 같은 문제를 꼭 체크한 후에 영업을 시작하는 것이 좋습니다.

06 새 카페를 창업할까

중고를 사느니 돈을 더 주고 새 제품을 산다는 분들이 있습니다. 저 역시 사용 빈도가 높고 오래 쓸 전자제품이라면 중고를 사지 않고 새 제품을 삽니다. 예를 들면 진공청소기, 에어컨, 세탁기 등과 같은 것입니다. 싼 게 비지떡이라고 겉은 멀쩡한데 사용하다 보면 잔고장으로 배보다 배꼽이 더 컸던 경험이 있기 때문입니다. 지금도 자주 사용하지 않고 한두 시즌 쓸 제품을 제외하고는 대부분 새 제품을 구매합니다.

카페도 예외는 아닙니다. 평소 꿈꾸던, 마음에 쏙 드는 상가를 구해 새로 인테리어를 하고 커피 관련 기계와 용품을 모두 새것으로 구매하면 마치 생애 첫 아파트를 분양받는 것처럼 기분이 좋습니다. 모든 것이 새것이기 때문에 내 손때가 묻으면서 그만큼 애정도 점점 쌓여갑니다. 기계의 상태를 누구보다 잘 알고 있고, 배관이나 전기 등도 파악하고 있어서 문제 발생 시 대처도 빠릅니다. 매일 신규 고객을 만나 정을 붙이는 재미도 있습니다. 고객 수가 늘어나는 만큼 매출도 증가하니 카페를 시작하기 잘했구나 하는 생각이 듭니다.

그렇다면 장점만 있을까요? 빈틈없이 준비한다고 했는데 영업하다 보면 문제가 하나둘 보이기 시작합니다. 당시에는 당연하게 생각했는데 사용하다 보면 뭔가 잘못됐다는 것을 알아차리게 됩니다. 왜 바를 이렇게 놨을까부터 그라인더가 이렇게 많을 필요가 있나 등 문제투성이죠. 인테리어를 새로 하느라 많은 돈을 들였는데 굳이 이렇게 할 필요가 있었나 싶기도 합니다. 대개 장사가 안 되면 더욱 이런 생각이 떠오르는데요. 카페를 새로 오픈하느라 비용을 많이 지출해서 운영비가 빠듯하기도 합니다. 새로 고객을 유치하려다 보니 다른 학교로 전학 가서 친구를 새롭게 사귀는 일만큼 힘이 들고 어렵기도 합니다. 맨땅에 헤딩한다는 것이 이런 상황을 두고 나온 말인가 싶습니다.

여러분이 무엇을 선택하든 어렵기는 마찬가지입니다. 어느 것이 좋다기보다는 본인의 예산과 형편에 맞게 해야 한다는 것이죠. 더 중요한 것은 카페를 인수하든 새로 오픈하든 충분한 시간을 갖고 배우고 경험하고 숙고한 후에 시작해야 한다는 것입니다. 6개월 일찍 시작하는 것보다 그 시간에 준비를 더 하는 것이 나중에 고생을 덜 할 수 있습니다. 돈을 버는 것보다 잃지 않는 것이 더 중요하다는 점을 잊지 말고 차분하게 주변을 돌아보며 카페를 준비했으면 합니다.

07 간이과세자의 특징과 장단점

처음 사업을 시작할 때 맞닥뜨리는 문제 가운데 하나는 사업자등록증을 낼 때 간이과세자로 낼 것인가 일반과세자로 낼 것인가를 결정하는 것입니다. 대개 부가세 부담을 줄이기 위해 간이과세자로 사업자를 냅니다. 매장을 세팅할 때 초기 비용이 많이 들면 부가세 환급을 위해 일반과세자로 내기도 합니다. 결국 향후 1~2년간 기대 매출과 창업 시 초기 비용의 규모에 따라 둘 중 하나를 선택해야 합니다.

간이과세자 대상이 되기 위해서는 연 매출액이 8000만 원 미만이어야 합니다. 처음 사업자를 낼 때는 당연히 매출이 0원이기 때문에 간이과세자로 신고를 할 수 있는데요. 다만 강남 같은 특정 지역과 큰 면적 그리고 제조·도매업과 의사와 변호사업은 일반과세자로만 낼 수 있습니다. 원두를 납부하는 로스터리 카페가 아닌 소규모 일반 카페라면 간이과세자로 신고할 수 있습니다. 특히 연매출 4800만 원 미만의 간이과세자는 부가세 납부 의무가 면제되고, 세금계산서 발급 의무가 없어 일반과세자보다 훨씬 유리합니다.

간이과세자의 가장 큰 장점은 부가세 부담이 적다는 점입니다. 카페의 경우 음식점업에 해당하기 때문에 업종부가가치율이 15%이므로 매출세액이 일반과세자와 비교하면 약 7분의 1에 불과합니다. 예를 들어 A라는 카페의 연 매출액이 5500만 원이라고 가정해보죠. 매출은 공급가액과 세액의 합이므로 5000만 원이 공급가액이 됩니다. 매출세액은 공급가액(5000만 원)×업종별부가가치율(15%)×10%이므로 75만 원이 나옵니다. 부가세 부담이 확 줄어드는 것을 알 수 있죠.

간이과세자가 장점만 있는 것은 아닙니다. 카페에서 필요한 기계나 재료 등을 매입하면 세금계산서를 받는데요. 우유와 과일 등 일부를 제외하고는 모두 부가세가 포함돼 있습니다. 즉, 11만 원짜리 세금계산서를 받으면 1만 원은 환급받을 수 있는데 간이과세자이기 때문에 부가세 신고 시 환급을 받을 수 없다는 거죠. 특히 처음 카페를 창업할 때는 이 금액이 꽤 됩니다. 예를 들어 창업 시 세금계산서를 1억 1000만 원을 받았다면 1000만 원을 환급받을 수 있는데 못 받는다는 의미입니다. 물론 환급받지 못한 1000만 원 역시 나중에 종합소득세 신고 시 매입비용으로 반영할 수 있습니다.

과거 연 매출액이 4800만 원 이상이면 일반과세자 적용받았습니다. 최근 4800~8000만 원 미만에 대해서는 간이과세자의 장점을 누리면서 일반과세자의 의무도 다하도록 세법이 개정됐습니다. 즉, 연간 매출액이 8000만 원 미만까지는 부가세 부담을 덜어주면서 세금계산서의 발급을 의무화한 것입니다. 간이과세자로 사업자등록증을 내고 그해의 신고 또는 환산한 공급대가가 8000만 원 이상이면 관할 세무서에서 일반과세자로 전환된다는 공문이 우편으로 오는데요. 매출액이 많아지면서 간이과세자에서 일반과세자로 자동 전환된 것입니다.

국세청

일반과세자 전환통지서

1 인적사항

상 호	구대회커피 상수래미안점	사업자등록번호	428-22-01500
성 명	김현지		

2 일반과세 전환에 따른 안내말씀

귀하는 부가가치세법 제61조, 같은법 시행령 제109조 및 제110조의 규정에 의하여 2022년 7월 1일부터 간이과세자에서 일반과세자로 과세유형이 전환됨을 알려 드립니다.**(전환사유 :** 신고 또는 환산한 공급대가가 8,000만원 이상 **)**

1. 유형전환에 따라 변경된 사업자등록증은 7.1. 등기 우편으로 발송될 예정이며, 현재 사용 중인 **사업자등록증**은 세무서에 **반납(우편 발송 가능)**하시기 바랍니다.(사업자등록번호는 변경되지 않습니다.)
2. 간이과세자에서 일반과세자로 전환되면 전환당시에 보유하고 있는 재고품 및 감가상각자산에 대하여는 **재고매입세액을 공제 받을 수 있으니 2022년 6월 30일 현재 재고품 및 감가상각자산**에 대하여는 **2022년 간이과세자 부가가치세 확정신고 시('22.7.1. ~ '22.7.25.) "일반과세 전환 시의 재고품 등 신고서"에 의하여 신고**하시기 바랍니다.
3. 일반과세자는 **사업과 직접 관련이 있는** 매입세액 전액을 공제받을 수 있으니 전기·가스·통신요금 등에 대해 세금계산서를 발급받지 않고 있었다면 해당 거래처에 미리 사업자등록번호 등을 알려주시어 **매입세액 공제를 받을 수 있도록 준비하시기 바랍니다.**

첨 부 일반과세 전환 시의 재고품 등 신고서 1부.

2022 년 5 월 일

마포 세 무 서 장

위 내용과 관련한 문의사항은 담당자에게 연락하시면 친절하게 상담해 드리겠습니다.

◆ 담당자 : [redacted]

일반과세자 전환통지서

08 일반과세자의 특징과 장단점

연 매출 8000만 원부터는 에누리 없이 일반과세자로서 지위와 의무를 다해야 합니다. 매출세액 역시 공급가액의 10%가 대상이므로 카페의 경우 세금 부담이 간이과세자보다 약 7배가 높은데요. 간이과세자와 달리 1년에 2번, 1월과 7월에 부가세를 신고해야 합니다. 또한 중간에 예정 고지가 나오기 때문에 1년에 4번, 1월과 4월 그리고 7월과 10월에 부가세를 납부해야 합니다.

일반과세자로 신고했더라도 연간 매출액이 8000만 원 미만이면 간이과세자로 자동 전환이 됩니다. 예를 들어 5월 15일에 일반과세자로 사업자를 내고 7월과 다음 해 1월에 부가세 신고를 했는데요. 약 7개월 보름 동안의 매출액이 5000만 원이 안 된다면 다음 해 6월 초 국세청에서 간이과세자 전환통지서가 옵니다. 만약 거래처 문제 등을 이유로 간이과세자를 포기하고 일반과세자로 전환했다면, 부가가치세법 제70조 제3항에 따라 3년이 되는 날이 속하는 과세 기간까지는 다시 간이과세자에 대한 규정을 적용받지 못하므로 전환 결정에 유의해야 합니다.

일반과세자의 장점은 매입세금계산서에 포함된 부가세를 환급받을 수 있다는 것입니다. 예를 들어 110만 원짜리 세금계산서를 받았다면 부가세 신고 시 10만 원을 환급받을 수 있습니다. 다만 매입세액과 매출세액의 차이만큼 환급해주기 때문에 매입보다 매출이 크다면 환급액이 마이너스가 될 수 있습니다. 즉, 부가세를 내야 한다는 것이죠. 이 내용은 뒤에서 자세하게 언급하기로 하고 카페를 시작하기 전에는 이 정도만 이해하면 되겠습니다. 본인이 원두를 생산해 납품하는 로스터리 카페를 하고자 한다면, 선택에 여지없이 일반과세자로 신고해야 합니다. 이유는 부가세가 포함된 세금계산서를 발급해야 하기 때문입니다. 그렇지 않으면 식품제조업자로서 사업 자체를 할 수 없습니다.

아무래도 자의 반 타의 반 일반과세자가 되면 부가세의 부담이 가장 큽니다. 본래는 1년에 2번 부가세 신고를 하고 2번 납부를 하면 되는데요. 국가 세수 안정과 납세자의 과도한 조세 부담을 덜어준다는 취지에서 앞서 언급한 대로 중간예납 제도가 있습니다. 종합소득세는 소득이 발생해야 세금을 납부하는데 부가세는 매달 적자가 나더라도 매입과 매출의 차이만큼 세금을 내야 합니다. 이런 이유로 처음 사업자등록증을 낼 때 선뜻 일반과세자로 시작하는 것이 망설여집니다. 참 아이러니하죠. 그래서 사업은 의사 결정의 연속인 예술이라고 하나 봅니다.

사업이 잘된다면 비록 간이과세자로 시작했더라도 결국 일반과세자가 될 것입니다. 그렇게 되는 것이 본인에게도 도움이 되겠죠. 평소 일반과세자로서 절세하는 방법에 관해 공부해두면 두고두고 써먹을 수 있습니다.

CAFE BOOK

2막

카페를 시작하기로 했다

누가 부자인가에 대해
지인과 논쟁을 한 적이 있습니다.
수입이 500만 원인데 200만 원을 저축하는 사람과
수입이 1000만 원인데 100만 원을 저축하는 사람이
있다고 하면 결국 누가 부자가 될까요? 그렇습니다.
수입은 반인데 저축은 2배인 사람이 부자가 됩니다.
하지만 사업은 조금 다른 것 같습니다.
단기적으로는 카페 매출은 현저히 높은데
전체 비용이 많이 들어서 수익이 적은 것보다
매출은 조금 낮아도 비용이 현저히 적은 것이
좋습니다. 장기적으로 보면 불필요한 비용 지출이
없다는 전제에서 카페 매출이 높은 곳이 낮은 곳보다
더 성장합니다. 그래서 사업이 어려운가 봅니다.

01 무엇을 준비해야 하나

카페를 시작하기로 마음먹었다면 이제 본격적으로 창업을 준비해야 합니다. 세부적으로 챙겨야 할 것을 열거하면 수백 가지가 넘지만, 몇 가지 큰 덩어리로 묶어 알려드릴까 합니다. 크게 카페 창업 예산 정하기, 상가 알아보기, 인테리어 업체 선정하기, 머신 및 카페 용품 정하기, 메뉴 구성하기 등인데요. 앞서 언급한 것을 다 준비한 뒤 구청에 가서 영업신고증을 받고 세무서에서 사업자 등록증을 받으면 됩니다.

카페 위치와 규모는 본인이 가용할 수 있는 예산에 따라 결정됩니다. 돈이 충분히 많은 사람은 제외하고 카페를 만들고 운영하는 자금까지 포함해 1~2억 원 내외에서 이야기해볼까요. 돈의 단위가 '억'이라고 하니 정말 큰돈 같지만 막상 카페 창업을 준비하다 보면 금세 사라지고 마는 금액이기도 합니다. 하고 싶은 스타일과 규모에 맞게 예산을 정할 수도 있지만, 지금 당장 시작할 거라면 예산에 맞는 카페의 스타일과 규모를 정하는 것이 좋습니다.

매장 위치와 크기를 정하는 것만큼 스트레스를 많이 받는 것도 없습니다. 상권이 마음에 들면 크기가 작고 크기가 마음에 들면 상권이 별로인 경우가 대부분이기 때문이죠. 빠듯한 예산으로 상가를 구해야 한다면 우선 어떤 스타일의 카페를 할 것인지를 명확히 정하는 게 중요합니다. 테이크아웃인지 아니면 손님들이 오랫동안 앉아 있을 수 있는 카페인지 말이죠. 2마리 토끼를 다 잡겠다는 생각은 애초부터 생각하지 말고 색깔이 분명한 카페를 구상해야 합니다.

인테리어를 구상할 때 본인이 모두 디자인할 것인지 아니면 전문 업체에 맡길 것인지 선택해야 합니다. 이 또한 프랜차이즈를 한다면 고민할 필요가 하나도 없겠죠. 개인 카페를 한다고 가정한다면 가능한 한 본인이 어느 정도는 디자인할 수 있어야 합니다. 특히 바의 위치와 높이, 그리고 크기 등에 대해서는 사전에 충분한 고민을 해야 하는데요. 그렇지 않고 전문 업체에 다 맡기면 나중에 불편한 일이 꼭 생깁니다. 적어도 공사를 하는 인테리어 업체와 디자인과 공사에 대해 소통할 수 있는 지식과 안목을 갖춰야 합니다. 도면도 볼 줄 모르는 상태에서 공사에 들어가면 두고두고 후회하는 일이 생깁니다.

많은 분으로부터 에스프레소 머신은 어떤 것이 좋냐는 질문을 받습니다. 일정 수준 이상 되면 딱히 어떤 머신을 선택해야 하는 것이 아닙니다. 본인이 다루기에 편하고 사후 관리를 잘 받을 수 있다면 큰 문제가 되지 않습니다. 대개 본인이 커피를 배운 학원의 머신과 같거나 비슷한 수준의 머신을 선택하게 됩니다. 요즘은 바리스타 학원도 좋은 것을 많이 쓰기 때문에 익숙한 것을 선택하는 것도 나쁘지 않습니다. 단, 그라인더는 좋은 것을 구매하라고 말씀드리고 싶습니다. 상당수가 에스프레소 머신에 비해 그라인더의 선택은 소홀한 경우가 많은데요. 고장 없이 원두를 일정한 크기로 분쇄하고 토출하는 게 얼마나 중요한지는 카페를 해보면 알 수 있습니다.

냉장과 냉동이 다 되는 냉장고를 구매할 생각이라면 B사 냉장고를 추천합니다. 절반 가격의 W사 냉장고가 있으나 실물을 보고 사용해보면 알겠지만, 비교가 되지 않습니다. 한번 사면 10년 넘게 사용할 수 있으니 돈 아깝다 생각하지 말고 꼭 B사 냉장고를 선택하세요. 제가 카페 용품을 구매하면서 가장 잘한 선택이 B사 테이블 냉장고를 산 것입니다. 13년째 고장 없이 잘 사용하고 있습니다. 모든 카페 용품을 제일 좋은 것으로 살 이유는 없습니다. 다만 절대 양보해서는 안 될 것들이 있는데요. 보다 자세한 것은 뒤에서 다시 설명하겠습니다.

메뉴를 정하는 문제에 있어 중요한 것은 자신감과 방향성입니다. 카페 메뉴는 크게 3가지로 구분할 수 있어요. 우선 커피만을 기치로 내건 메뉴입니다. 그다음은 커피와 가볍게 사이드 음료로 구성한 것이고요. 마지막으로는 음료라는 음료는 다 파는 카페입니다. 시간이 걸리더라도 본인이 커피로만 승부를 걸고자 한다면 커피만 하는 것도 좋습니다. 무척 힘든 길이 예상됩니다만 마지막 경우보다는 낫습니다. 메뉴의 종류가 많으면 고객의 선택권이 넓어진다고 볼 수도 있지만 반대로 고객이 결정하기 어렵기도 합니다. 카페를 시작하기 위해 충분히 준비했고, 자신도 있으며, 맛있는 커피를 파는 카페를 하기로 마음먹었다면 그에 부합하는 메뉴를 정하기 바랍니다.

커피 및 주방기기, 주방용품

	기기명	발주	설치	단위	수량	공급가액	세액	제품가
1	에스프레소 머신 EVO2 2G	12월30일	1월8일	1	1			
2	필터, 에소용 퓨러티 C150	12월30일	1월8일	1	1			
3	필터, 음료용 에버퓨어 4C	12월30일	1월8일	1	1			
4	설치비	12월30일	1월8일	1	1			
5	에소 그라인더 안핌 SP2	12월30일	1월8일	1	1			
6	에소 그라인더 오벨미토온디멘드	12월30일	1월8일	1	1			
7	에소 그라인더 안핌(중고)		1월8일	1	2			
8	에소 그라인더 산토스(중고)		1월8일	1	1			
9	드립 그라인더 FEIMA 207N(골드색)	1월1일	1월18일	1	1			
10	아이스크림 칼피자니(중고)	12월15일	1월8일	1	1			
11	와플기계4구	1월6일	1월7일	1	1			
12	파우더, 시럽 등	1월6일	1월7일					
13	콰이어트 원 블렌더(볼 추가)	1월4일	1월8일	1	1			
14	제빙기(작은 얼음)		1월8일	1	1			
15	제과 쇼케이스	1월6일	1월7일	1	1			
16	냉온수기(중고)		1월8일	1	1			
17	영업안내 스티커	1월6일	1월7일	1	1			
18	홀더 스카시	1월6일	1월7일	1	1			
19	음료 쇼케이스	1월5일	1월7일	1	1			
20	냉동고(쿠잉FR-102CW)	1월5일	1월7일	1	1			
21	탈의실 락커(4인 대형)	1월5일	1월12일	1	1			
22	직원 외 출입금지	1월4일	1월6일	1	1			
23	제과 작업대(1200*600)	1월5일	1월7일	1	1			
24	책상(1000*600)	1월5일	1월7일	1	1			
25	스피드랙 3단 선반(1000*500*750)	1월6일	1월7일	1	1			
26	셰이커300ml	1월6일	1월7일	1	3			
27	셰이커700ml	1월6일	1월7일	1	2			
28	소스 통(투명,350ml)	1월6일	1월7일	1	8			
29	에소 머신 청소브러시(빨강)	1월6일	1월7일	1	2			
30	넌슬립 쟁반(브라운)	1월6일	1월7일	1	2			

31	파우더 토핑통(150ml)	1월6일	1월7일	1	2			
32	파우더 보관통	1월6일	1월7일	1	2			
33	스팀피처(350ml,눈금)	1월6일	1월7일	1	2			
34	스팀피처(600ml,눈금)	1월6일	1월7일	1	1			
35	스팀피처(1000ml,눈금)	1월6일	1월7일	1	1			
36	바스푼(280mm)	1월6일	1월7일	1	2			
37	청소용 브러시(60mm)	1월6일	1월7일	1	2			
38	벨크리머(150ml)	1월6일	1월7일	1	3			
39	벨크리머(90ml)	1월6일	1월7일	1	2			
40	샷클래스	1월6일	1월7일	1	4			
41	계량스푼(22cm)	1월6일	1월7일	1	2			
42	행주(브라운)	1월6일	1월7일	10	2			
43	물통(투명,2L)	1월6일	1월7일	1	4			
44	머신세정제	1월6일	1월7일	1	2			
45	빨대 스푼꽂이통	1월6일	1월7일	1	2			
46	리넨(브라운)	1월6일	1월7일	1	10			
47	바캐디	1월6일	1월7일	1	1			
48	계량컵(1000ml)	1월6일	1월7일	1	1			
49	물컵(투명)	1월6일	1월7일	9	1			
50	넉박스봉(기존)			1	1			
51	넉박스(기존)			1	1			
52	디지털 타이머(흰색)	1월6일	1월7일	1	1			
53	칵테일 셰이커(추틴,28oz)	1월6일	1월7일	1	1			
54	업소용 휴지통(40L)	1월6일	1월7일	1	3			
55	린서(TW112)	1월5일	1월7일	1	1			
56	자외선 식기 소독기 신원SW-302H	1월6일	1월7일	1	1			
57	ㄷ테이블	1월6일	1월7일	1	1			
58	철제 벤치	1월6일	1월7일	1	1			
59	오디오(소니CMT-SBT40D)	1월6일	1월7일	1	1			
60	메뉴판	1월6일	1월8일	1	1			
61	일반 전화기	1월7일	1월9일	1	1			
계								

02 창업 예산은 얼마가 적당할까

기업형 카페를 할 계획이라면 여윳돈이 많아야 하겠지만 대부분은 작은 카페를 빠듯한 예산으로 시작할 것입니다. 부족한 자금으로 규모 있게 계획을 잘 짜서 카페를 만드는 것은 과정도 재미있고 성취감을 주기도 하는데요. 본인에게 돈이 충분히 있더라도 처음부터 큰 규모로 시작하는 것을 추천하지 않습니다. 아무것도 모르는 상태에서 남의 얘기만 듣고 많은 돈을 들여 카페 사업을 시작하면 십중팔구 돈이 새고 결과적으로 카페 운영 또한 남을 의지하게 될 테니까요.

창업 예산을 구성하는 항목은 크게 상가 보증금, 카페 인테리어와 간판, 에스프레소 머신을 비롯한 카페 용품, 전기와 냉난방 시설, 운영 자금을 들 수 있습니다. 만약 본인의 총예산이 1억 원이라고 가정하면 상가 보증금은 2000만 원, 카페 인테리어와 간판은 2500만 원, 머신과 카페 용품은 2500만 원, 전기와 냉난방 시설 500만 원, 기타 500만 원, 그리고 운영 자금 2000만 원 정도로 잡는 것을 추천하는데요. 예산 범위

내에서 공사를 하든 기계를 사든 해야지 마음에 드는 것으로 정하다 보면 결국 운영 자금이 부족해 카페 운영 시 쫓기듯 영업하게 됩니다.

상권과 지역에 따라 차이가 있지만 보증금이 2000만 원이라면 대개 전용 10평(33㎡) 내외의 상가를 얻을 수 있습니다. 월세는 150~200만 원을 넘어서면 곤란합니다. 상가 비용을 구성하는 항목 중 관리비가 있고 이 또한 무시할 수 없습니다. 월세는 저렴한데 관리비가 월세의 20%가 넘는 곳도 있거든요. 여기에 전기세와 수도세, 그리고 무인 경비까지 포함하면 상가에 들어가는 월 비용이 220~300만 원까지 치솟습니다. 일시적이기는 하지만 상가를 구할 때 부동산 수수료 또한 150~200만 원 정도 발생해 기타 비용에 이를 고려해야 합니다.

턴키로 인테리어 공사를 하는 경우 업체에서 간판까지 다 진행합니다. 내부 사인까지 포함하면 300만 원은 잡아야 하는데요. 실제 내부 인테리어에 쓸 수 있는 자금은 2000만 원에 불과합니다. 전체 인테리어는 부가세를 포함하면 2500만 원이 넘기 때문입니다. 10평 기준으로 2000만 원이면 멋을 내기는 어렵고 정말 기본적인 공사만 할 수 있어요. 여기서 200만 원은 수도 등 배관공사에 소요되므로 실제 쓸 수 있는 돈은 1800만 원에 불과합니다. 테이블과 집기는 인터넷에서 본인이 알아보는 것이 좋아요. 어차피 업체에서도 그런 식으로 구매를 하기 때문입니다. 본인이 할 수 있는 것은 해결하고 업체와 분담해서 인테리어 공사를 진행하는 것을 추천합니다. 이제 인테리어에 2500만 원이란 예산이 얼마나 빡빡한지 감이 올 거예요.

에스프레소 머신과 그라인더를 구입하는 데 1000~1500만 원 정도 소요될 것입니다. 물론 더 저렴한 것도 많이 있는데요. 카페에서 가장 중요한 장비인 만큼 다른 것을 줄이더라도 좀 더 신경을 쓰는 것이 좋습니다. 제빙기와 온수기, 냉장고 등을 구입하는 데 500만 원을 지출하고 나머지 500만 원은 커피 기구와 재료 등을 구입하는 데 쓰면 됩니다. 여기에는 파우더, 시럽, 소스, 원두, 컵 등이 모두 포함됩니다. 즉, 카페 공사가 끝났을 때 바로 운영할 수 있도록 재료 준비까지 모두 마쳐야 하기 때문입니다.

지금까지 예산 내에서 공사와 카페 용품 구비를 마쳤다면 거의 예외 없이 예산의 10~20% 정도는 초과했을 것입니다. 아무리 꼼꼼하게 계획을 짰더라도 미처 반영하지 못한 것도 있고 공사를 하다 보면 추가로 소요되는 비용이 발생하기 때문인데요. 그렇다고 너무 걱정하지는 마세요. 누구나 예외 없이 이런 과정을 겪습니다. 카페를 여러 개 오픈해도 매번 겪는 현상이니까요. 우리가 예산을 빡빡하게 잡았기 때문에 더욱 그렇습니다. 아마 1억 원 중 카페 운영 자금으로 쓸 수 있는 돈은 기껏해야 1000만 원 내외일 텐데 이 정도면 풀타임 직원 1명을 둔다고 가정했을 때 1달 또는 1달 반 정도면 바닥이 나는 돈입니다. 제가 서두에 2000만 원 정도를 운영 자금으로 책정한 이유도 여기에 있는데요. 물론 영업을 개시하면 수입이 생기지만 매달 세금과 공과금 그리고 예상치 못한 비용 등이 부지기수로 발생하므로 마음을 단단히 먹어야 합니다.

03 카페의 고정비와 변동비는 무엇인가

카페를 운영하다 보면 매일 또는 매달 일정하게 나가는 비용이 있고 매출이 증가하거나 예상치 못한 일로 불규칙하게 발생하는 비용이 있습니다. 전자를 고정비라 하고 후자를 변동비라고 하는데요. 상가 월세, 관리비, 직원 급여, 카페 용품에 대한 감가상각비, 이자, 4대 보험료, 전기세, 수도세, 전화요금 등이 고정비에 해당합니다. 영업하면서 발생하는 비용, 즉 재료비에 해당하는 것으로 원두, 우유, 시럽, 소스, 테이크아웃 용품 등이 변동비에 속하고요. 즉, 카페는 고정비와 변동비를 합한 비용 이상으로 매출을 올려야 생존할 수 있습니다.

고정비를 구성하는 항목 중 가장 큰 것은 월세와 직원 급여, 그리고 감가상각비입니다. 이 또한 직원을 쓰지 않으면 월세가 가장 부담이 되는데요. 이건 어디까지나 대출 없이 본인 자금으로 했을 때 얘기고 만약 대출이 있다면 이자 비용을 간과하면 안 됩니다. 대출 금액이 꽤 크다면 그 돈으로 다른 곳에 투자했을 때 얻을 수 있는 기회비용까지 감안하는 것이 좋겠죠. 대개 감가상각비에 대해서는 고려하지 않습니다. 이는 인테리어와 카페 용품을 구입하는 데 들어간 전체 비용을 5년으로 나눠 매년 5분의 1만큼 비용으로 처리하는 것을 말합니다. 예를 들어 6000만 원이 대상 금액이라면 매달 100만 원의 고정비가 발생하는 셈이 됩니다.

카페를 시작하는데 1억 원을 썼다고 가정했을 때 매달 고정비는 어느 정도가 적당할까요? 이건 매출을 얼마 정도 예상하느냐에 따라 달린 문제인데요. 예를 들어 월 매출이 1500만 원이라고 가정해보죠. 개인적으로 고정비는 아무리 많아도 월 매출의 40%를 넘지 않도록 관리해야 한다고 생각합니다. 월세와 상가 관리비, 그리고 전기세 등이 250만 원, 직원 급여가 200만 원, 감가상각비가 80만 원, 4대 보험료가 70만 원이라면 합이 600만 원으로 고정비는 월 매출의 40%가 됩니다.

매출이 무한정으로 늘어날 수도 없고 비수기를 감안한다면 비용을 줄이는 방법을 생각해야 합니다. 고정비를 줄이는 방법은 없을까요? 가장 간단한 방법은 직원 임금으로 들어가는 비용을 줄이는 것인데요. 최저시급은 매년 인상되니 인원을 줄이거나 근로시간을 감축하는 방법밖에 없습니다. 만약 혼자 매장 일을 다 감당할 수 있다면 아예 직원을 안 쓰는 방법도 있겠지만 그렇게 되면 가정을 돌보거나 개인 업무를 전혀 볼 수 없으므로 추천하지는 않습니다. 풀타임은 아니더라도 파트타임 직원과 함께 일해야 카페를 오랫동안 할 수 있고 성장에도 도움이 됩니다. 직원을 고용하지 않는 것보다 직원 임금 이상으로 카페 매출을 늘릴 방안을 찾아보세요.

변동비가 매달 정상적으로 늘어난다는 것은 좋은 현상입니다. 사용하는 원두 양이 늘고 우유 대금이 커지고 그 외 재료비가 커진다는 것은 그만큼 판매하는 커피가 늘고 있다는 신호니까요. 사업이 잘될수록 고정비의 인건비가 늘어나고 변동비에서는 원부 재료비가 커질 수밖에 없습니다. 문제는 매출의 증가에 비해 변동비가 상대적으로 많이 증가했을 때인데요. 그 원인으로는 물가 상승 및 특정 재료비의 급격한 인상이 있습니다. 이건 통제 영역 밖의 현상으로 우리가 할 수 있는 일은 재료의 양을 줄이거나 같은 재료를 좀 더 저렴하게 구입할 수 있는 거래처를 다시 찾는 것입니다. 나만 특별히 겪는 상황은 아니기 때문에 재료의 양을 줄이거나 질을 낮추는 것은 결국 고객으로부터 외면받을 수 있으니 정말 주의해야 합니다.

누가 부자인가에 대해 지인과 논쟁을 한 적이 있습니다. 수입이 500만 원인데 200만 원을 저축하는 사람과 수입이 1000만 원인데 100만 원을 저축하는 사람이 있다고 하면 결국 누가 부자가 될까요? 그렇습니다. 수입은 반인데 저축은 2배인 사람이 부자가 됩니다. 하지만 사업은 조금 다른 것 같습니다. 단기적으로는 카페 매출은 현저히 높은데 전체 비용이 많이 들어서 수익이 적은 것보다 매출은 조금 낮아도 비용이 현저히 적은 것이 좋은데요. 장기적으로 보면 불필요한 비용 지출이 없다는 전제에서 카페 매출이 높은 곳이 낮은 곳보다 더 성장합니다. 그래서 사업이 어려운가 봅니다.

04

투고형 카페의 장점과 한계

평소 꿈꿔왔던 카페를 시작하는 순간이 오면 정작 깊은 고민에 빠지게 됩니다. 개인의 취향을 반영할 것인지 시대의 트렌드를 따를 것인지에 대한 고민입니다. 여러분은 어떤 스타일의 카페를 생각하고 있나요? 성별, 그리고 나이에 따라 차이가 있을 것 같은데요. 남녀노소를 막론하고 가장 중요한 것은 카페는 취미 생활이 아니라 사업이므로 장사가 되는 카페를 만들어야 한다는 것입니다.

카페는 손님에게 제공할 수 있는 공간의 크기와 형태에 따라 몇 가지로 구분할 수 있습니다. 크게 3가지를 예로 들면 투고형, 에스프레소 바형, 테이블형이 있는데요. 공간이 협소하고 바를 강조한다면 투고형이나 에스프레소 바형이 어울립니다. 2~4인 테이블을 4개 이상 놓을 수 있다면 테이블형과 에스프레소 바형을 조합해서 구성할 수 있고요. 본인의 취향과 어떤 고객을 유치할 것인가에 따라 결정하면 됩니다.

투고형 카페란 흔히 테이크아웃 커피 전문점을 떠올리면 됩니다. 카페에서 주문받을 때 "여기서 마실 것인가" 아니면 "가지고 갈 것인가"라고 묻는데. 이를 영어로 "Here or to go"라고 합니다. 투고형은 여기서 나온 말입니다. 공간이 아닌 오직 커피만 필요한 사람에게 적합한 카페입니다. 장기화된 코로나 시국을 거치면서 예전보다 커피를 투고하는 사람들도 늘어났습니다. 과거에는 작은 공간을 효율적으로 사용하기 위해 투고형 카페를 창업했다면 요즘은 고객 취향의 변화까지 반영한 것으로 볼 수 있습니다.

무엇보다 투고형 카페의 장점은 손님의 회전율이 높다는 점입니다. 자리를 차지하는 카페에 비해 손님들이 커피만 사고 나가기 때문에 단위 시간당 많은 양의 커피를 판매할 수 있어요. 공간이 작아서 직원을 적게 고용해도 되고 주문을 키오스크로 받는 경우 아예 직원을 두지 않는 1인 카페를 운영할 수 있다는 이점이 있습니다. 다만 공간을 차지하는 카페에 비해 커피값을 조금 저렴하게 받아야 하는데요. 약 30% 정도가 공간의 가격이라고 보고 메뉴 가격을 결정하는 것이 좋습니다.

당연한 얘기지만, 공간이 필요한 손님을 받을 수 없다는 한계가 있습니다. 투고형 카페는 사무실이나 식당가가 밀집한 곳에 적합한데요. 만약 투고형 카페가 사람을 만나 얘기할 공간을 필요로 하는 초등학교 앞이나 주택가에 위치한다면 어떨까요? 아마 경쟁력 있는 일부 카페를 제외하고는 고전할 것입니다. 비나 눈이 많이 오는 날에는 지하철역이나 버스 정류장 근처가 아닌 한 다른 형태의 카페에 비해 손님이 더 적을 수 있습니다. 사람들이 비와 눈을 피할 공간으로 카페를 찾기 때문입니다. 카페의 형태도 중요하지만, 그 특징에 맞는 카페의 위치 또한 잘 선택해야 하는 이유입니다.

05 에스프레소 바형과 테이블형 카페의 장점과 한계

에스프레소 바형 카페가 어느 날 갑자기 툭하고 튀어나온 것은 아닙니다. 과거에도 있었고, 일부 커피 애호가 사이에서는 익숙한 카페였습니다. 인스타그램 등 SNS의 영향으로 2017년부터 MZ세대 사이에서 에스프레소 바가 유행하기 시작했습니다. 다른 카페에 비해 커피 가격이 상당히 저렴한데요. 주로 바에 서서 커피를 즐깁니다. 이탈리아처럼 바에 앉아서 마신다고 돈을 더 내야 하는 것은 아니고요. 에스프레소 싱글을 기준으로 2,000원 내외라서 양질의 맛있는 커피를 찾는 사람들에게 제격입니다.

예비 카페 창업자 일부는 메뉴의 수가 적고 예산이 적어도 창업할 수 있기 때문에 에스프레소 바형 카페에 쉽게 접근하는 경향이 있습니다. 좁은 공간에 에스프레소 머신과 그라인더 1대만 있으면 가능하지 않나 생각한다면 큰 오산입니다. 손님 대부분이 커피의 본질인 맛과 특유의 감성을 찾아오는 사람들이라 커피에 대한 깊은 이해는 물론이고 시대의 변화와 손님의 취향을 읽을 수 있는 안목이 필요합니다.

가장 흔하고 보편적인 형태의 카페는 사각이나 원형 테이블과 편한 의자가 조합을 이룬 것입니다. 대개 오랜 시간 커피를 마시면서 편하게 쉬거나 책을 보거나 친구와 수다를 떨기 위해 찾는데요. 커피와 함께 공간을 제공하기 때문에 앞서 언급한 카페보다 상대적으로 커피 가격이 비쌉니다. 회전율이 낮다 보니 일부 카페에서는 의도적으로 딱딱하고 앉기 불편한 의자를 놓기도 하는데요. 손님들은 이를 개의치 않고 오랜 시간을 보내는 내공으로 응수합니다.

테이블형 카페는 회전율이 낮은 대신에 객단가를 높이는 전략을 사용합니다. 커피와 함께 곁들일 수 있는 조각 케이크나 스콘 같은 빵도 준비합니다. 테이블을 여러 개 갖춘 카페를 운영하려면 사장 혼자는 버겁고 직원 1~2명은 고용해야 하는 부담이 있습니다. 공간의 크기가 어정쩡한 경우 손님의 대화가 사장이나 직원에게 들려 손님이 불편한데요. 에스프레소 바와 테이블과의 간격을 일정 거리 이상 띄워 놓거나 음악 볼륨을 조정해 손님이 불편하지 않도록 신경 쓰는 것이 좋습니다.

지금 어떤 스타일의 카페를 해야 하는지 묻는다면 반대로 이렇게 묻고 싶습니다. 본인이 손님에게 커피를 제공하는 목적이 무엇인지 말입니다. 맛있는 커피를 만들어 손님에게 제공하고 커피를 매개체로 손님과 소통하고 싶은 것인지 아니면 손님에게 커피는 물론이고 안락한 공간을 제공함으로써 쉼을 주고 싶은지요. 유행은 언제나 그렇듯 돌고 돕니다. 카페를 1~2년 할 게 아니라면 유행을 좇지 말고 본인이 하고 싶고 잘할 수 있는 것에 집중하세요. 그 일을 오랫동안 하다 보면 어느 순간 손님이 모이고 세상도 자신을 알아보니까요.

06 카페 위치는 어떻게 정할까

우리나라에서 가장 비싼 땅은 어디일까요? 2022년 현재 19년 연속 전국 공시지가 중 가장 비싼 땅으로 이름을 올리는 곳이 있습니다. 서울특별시 중구 충무로1가 24-2번지의 52평 땅인데요. 평당 6억 2000만 원으로 땅값만 약 320억 원에 달합니다. 과거 수년 동안 스타벅스, 파스쿠찌가 이 건물을 통째로 임차해서 명성을 얻었었는데 월세만 1억 원이 넘었다고 합니다. 지금은 네이처리퍼블릭에서 임차해 사용하고 있는데 무려 보증금 50억 원에 월세만 3억이라고 합니다.

왜 이렇게 비싼 임차료를 주고 이곳에서 장사를 하는 걸까요? 바로 상징성과 매출이라는 2가지 이점 때문입니다. 굳이 둘 가운데 하나를 꼽으라면 상징성이 아닐까 싶은데요. 대한민국에서 가장 비싼 땅에 입주한 브랜드라는 존재감만으로 홍보는 톡톡히 하는 것이니 그 자체만으로도 임차료에 버금가는 광고를 하는 셈입니다. 스타벅스와 파스쿠찌가 임차한 이유 또한 매출보다 상징성이 커 보입니다. 한때 하루 매출이 5000만 원도 넘었다지만 요즘은 중국 관광객 감소와 코로나 여파로 다른 명동 상권과 마찬가지로 큰 어려움을 겪고 있습니다.

카페 자리를 이야기하기에 앞서 땅값과 그 상징성에 대해 길게 얘기했는데요. 우리는 비싼 땅에 들어갈 수 없으니 카페 자리로서 적합한 동시에 경쟁력도 있는 곳을 찾아야 합니다. 어디가 카페 위치로 좋은 곳일까요? 상권의 사전적 정의는 일정한 지역을 중심으로 재화와 용역의 유통이 이루어지는 공간적 범위입니다. 흔히 여러 상가가 몰려 있고 사람들의 발걸음이 잦은 곳을 상권이라고 하죠. 이를 다시 몇 가지로 구분할 수 있습니다. 대학가 등 학교 상권, 유흥가 상권, 회사 상권, 아파트 상권 등이 있습니다. 카페 같은 식음료나 음식점은 기존 상권과는 달리 외딴 곳에 단독으로 위치하기도 하는데요. 즉, 사람들이 오며 가며 들르는 곳이 아니라 일부러 찾아오는 곳을 말합니다.

과거 카페 자리로 인기 있었던 곳은 여러 회사가 몰린 곳이나 대학가였습니다. 커피는 직장인과 대학생이 많이 마시기 때문이란 게 그 이유였죠. 물론 지금도 일과 공부를 하는 사람에게 가장 필요한 음료가 커피이기 때문에 여전히 유효하기는 합니다. 그러나 젊은 세대를 중심으로 한 1인 가구의 증가와 코로나 장기화로 슬세권이 부상했는데요. 슬세권이란 슬리퍼와 세권의 합성어로 집에서 슬리퍼를 신고 나와 편하게 소비를 할 수 있는 주거 권역을 말합니다. 주상복합 아파트, 아파트나 오피스텔에서 가까운 상권이 그 예입니다.

카페 역시 슬세권을 중심으로 많이 포진하고 있습니다. 웬만한 건물 1층에는 1~2개 정도의 카페가 들어서 있죠. 보통 경쟁력으로 이런 곳에 들어간다는 것은 거의 달걀로 바위치기나 다름없는데요. 저가형 카페부터 대형 프랜차이즈 카페까지 이미 짱짱한 카페들이 자리를 틀고 있기 때문입니다. 유동 인구가 많다는 이유만으로 상가를 얻었다가는 쪽박을 차기 딱 좋습니다. 솔직히 말하면 개발 중인 신도시가 아니고서는 카페가 없는 건물이 없을 정도입니다. 일정한 크기의 파이를 카페 수만큼 나눠 먹고 있는 형국으로 거기에 내 숟가락을 하나 더 얹는 것뿐입니다.

이제는 어느 상권이 좋다고 말하기 어려운 상황이 됐습니다. 커피를 마시는 사람들이 늘어난 것 이상으로 많은 카페가 생겼기 때문입니다. 진입 장벽이 워낙 낮은데다 일하는 환경이 쾌적하고 카페에 대한 로망까지 더해지면서 생겨난 결과입니다. 앞으로도 당분간 이런 현상은 지속될 것으로 보이는데요. 편의점을 하기에는 버겁고 일반음식점이나 치킨집은 일의 강도나 시간 그리고 투자비에 비해 수익성이 낮다고 보기 때문입니다.

어느 상권에 들어갈 것인가에 대한 고민을 하기보다는 현재 본인이 생활하고 있는 지역 내에서 본인의 예산으로 임차가 가능한 상가를 고르는 것이 좋습니다. 상권이 좋은 곳에는 이미 여러 카페가 들어가 있고 상권이 나쁜 곳에는 사람의 왕래가 적어 손님이 적을 수 있습니다. 카페가 갖춰야 할 커피 맛과 매장 분위기, 그리고 손님에 대한 응대 등에서 경쟁력이 없다면 아무리 상권이 좋아도 다른 카페의 손님을 데려올 수 없을 것입니다. 반대로 경쟁력을 갖췄다면 상권이 조금 나빠도 입소문을 타고 손님들이 찾아올 수도 있어요. 카페를 시작하면서 너무 상권에 연연하지 않았으면 합니다.

07 상가건물 임대차 계약 시 꼭 확인해야 하는 것

자, 이제 카페 자리로 정한 지역의 매물을 인터넷으로 샅샅이 뒤지고, 발이 퉁퉁 붓도록 발품을 팔아 그토록 찾아 헤맨 보람이 있는 상가를 발견했습니다. 비슷한 평수의 인근 상가보다 조건이 좋아 하루라도 빨리 계약하고 싶을 텐데요. 다른 사람에게 뺏기고 싶지 않은 심정에 부동산에 가계약금을 넣기도 합니다. 별 탈이 없는 물건이면 다행이지만 그렇지 않으면 보증금의 10%에 해당하는 계약금을 날릴 수도 있으니 주의해야 합니다. 상가건물 임대차계약서를 구성하는 것과 그 내용 중 정말 하늘이 무너져도 이것만큼은 확인해야 하는 것을 살펴보겠습니다.

상가건물임대차보호법 19조에 따르면 국토교통부와 법무부에서는 보증금, 월세, 임대차 기간, 사용·관리·수선 등의 내용이 담긴 상가건물 임대차 표준계약서를 정해 사용을 권장하고 있습니다. 그 내용으로는 거래 당사자의 인적 사항, 임차 상가건물의 표시, 보증금과 차임, 임대차 기간, 임차 목적, 사용 관리 수선, 계약의 해제, 채무불이행과 손해배상, 계약의 해지, 계약의 종료와 권리금 회수 기회 보호, 재건축 등 계획과 갱신 거절, 비용의 정산, 중개보수, 특약사항 등이 있습니다. 계약한 뒤에는 거래를 중개한 부동산중개사로부터 상가건물 임대차계약서, 중개대상물확인설명서, 공제 증서를 받아야 합니다.

계약서 내용 가운데 중요하지 않은 것은 없습니다. 모든 항목을 꼼꼼하게 확인해야 하지만 상대적으로 놓치기 쉽고 간과하는 것이 있는데요. 계약 당사자가 상가 임대인임을 확인하는 것, 근저당권 설정과 가압류 및 소유주 등 상가의 모든 권리 관계를 확인하는 것, 재개발·재건축의 여부를 확인하는 것, 해당 상가에서 카페 영업이 가능한지를 확인하는 것이 그 예입니다.

간혹 상가 소유주의 대리인이 위임장을 가지고 와서 계약하는 경우가 있습니다. 대개는 문제가 없지만, 간혹 이 때문에 정말 곤란한 상황에 부딪치는 때가 있어요. 부동산중개사 입회하에 대리인이 위임장을 가지고 와서 계약하더라도 가능하면 상가 소유주와 통화를 하는 것이 좋습니다. 물론 중개를 담당하는 부동산중개사가 이상이 없음을 구두로 확인해주더라도 계약서 작성 시 이 부분에 대해 기록을 남겨야 합니다.

사실상 대부분의 부동산은 은행과 저축은행 등 금융권에 근저당권이 설정돼 있습니다. 그러나 부동산의 가치에 비해 과하게 근저당권이 설정돼 있거나 가압류가 잡힌 것은 피해야 하는데요. 대개 이런 상가들은 주변 시세에 비해 저렴하게 나오기도 하니 주의해야 합니다. 예를 들어 해당 상가 시세의 50% 이상 근저당이 잡혀 있는 경우에는 혹여라도 경매로 상가가 넘어갔을 때 보증금을 떼일 수도 있을 뿐만 아니라 상가 권리금 또한 찾을 길이 없습니다.

상가 계약 시 가장 간과하기 쉬운 부분은 상가가 속한 필지의 재개발·재건축 여부입니다. 저 역시 마음에 드는 상가가 나와 계약하러 갔다가 무언가 마음이 꺼림직해 이 부분을 확인해보니 아니나 다를까 해당 필지가 수년 내에 재개발이 예정된 곳이었습니다. 3~4년 뒤에 상가를 비워줘야 하는 일을 겪을 뻔했습니다. 그럼 어떻게 재개발·재건축 여부를 확인할 수 있을까요. 토지이용계획확인서에서는 상가건물의 용도지역, 용도지구, 용도구역의 지정 여부 등을 볼 수 있으니 계약 전에 반드시 확인해야 합니다.

마지막으로 해당 상가가 카페 영업이 가능한지를 확인하는 것입니다. 동일 업종 영업금지와 업종 제한 규정을 들 수 있습니다. 즉, 단독 상가가 아닌 경우 해당 건물에 카페가 있다면 상가 관리 주체에서 동일 업종인 카페를 허용하지 않을 수도 있습니다. 계약 시에는 문제가 없었지만, 카페 인테리어 공사를 하는 중에 문제가 발생할 수도 있으니 꼭 확인해야 합니다. 또한 이런 일은 드물지만, 카페 업종을 제한하는 규정을 둔 곳도 있는데요. 카페처럼 깨끗한 곳을 왜 제한하나 싶지만 로스터리 카페의 경우 커피를 볶을 때 연기가 나기 때문에 주변에서 민원을 많이 제기합니다.

상가를 계약할 때 알게 모르게 부동산중개인의 도움을 많이 받게 됩니다. 그렇지만 모든 책임은 본인에게 있음을 잊지 말고 계약 내용을 하나하나 꼼꼼하게 확인해야 합니다. 특히 특약사항을 쓸 때는 임대인과 조율을 잘해야 합니다. 임대인이 하자는 대로 하다 보면 나중에 눈물을 머금을 일이 있으니, 마치 연애하듯이 줄다리기하세요. 부동산중개인은 임대인과 임차인 중 어느 편에 있을까요. 간단히 생각하면 되는데요. 임차인은 계약이 1번이지만 임대인은 그 상가를 소유하는 한 계속된다는 것입니다. 결국 임대인 입장에 설 수밖에 없으니 이점 또한 유념하기 바랍니다.

08

로스터리 카페의 장점과 한계

요즘은 바리스타 학원에서도 간단한 로스팅 정도는 배우는 추세입니다. 어떤 카페를 할 것인가를 결정할 때 기왕에 하는 거 로스터리 카페를 해볼까 하고 마음을 먹기도 합니다. 시중에 워낙 다양한 로스터기 모델이 있어서 큰돈을 들이지 않고도 실력과는 별개로 자가 배전의 꿈을 실현할 수 있습니다. 그러나 생두를 볶는다는 것에 대한 막연한 두려움과 걱정 그리고 비용에 대한 부담 때문에 일반 카페로 마음을 정하기도 합니다. 둘 사이 선택의 갈림길에서 어떻게 결정하면 좋을까요?

우리가 족발집을 선택할 때 고려하는 것 중 하나는 직접 생(生)족발을 삶는지 아니면 공장에서 삶은 족발을 받아 쓰는 곳인지를 보는 것입니다. 왠지 생족발을 삶아내는 집이 겉으로 보기에도 더 맛있을 것 같고 그렇잖아요. 그런데 그거 아세요. 직접 삶는 것처럼 보이지만, 사실은 삶은 족발을 매일 들여와 다시 찜통에서 데운 뒤 유리장에 보기 좋게 전시하는 집도 많다는 것을요. 어쨌든 맛있기만 하면 그만이니 생족

발을 직접 삶는 유무는 크게 문제가 없어 보입니다. 배달 전문점이라면 더욱 그렇죠.

카페도 크게 다르지 않습니다. 카페의 주원료가 되는 원두를 직접 볶은 것인지 아니면 로스팅을 잘하는 곳에서 받은 것인지는 이제 문제가 되지 않습니다. 제가 로스터리 카페를 시작한 12년 전에만 해도 상업용 로스터기를 놓고 영업하는 매장은 흔하지 않았습니다. 이제는 발에 챌 정도로 많아졌지만요. 물론 로스터기가 있으면 인테리어 효과는 분명히 있습니다. 하지만 직접 생두를 볶는다고 커피 맛을 보장하지는 않습니다. 로스팅을 많이 할수록 실력이 늘기 마련이지만, 시행착오를 거치지 않으면 세월이 지나도 여전히 실력이 답보 상태인 경우도 많이 있습니다.

그런데도 많은 분이 로스터리 카페의 여러 장점 때문에 하고 싶어 합니다. 로스터리 카페는 크게 4가지 면에서 경쟁력이 있습니다. 본인이 원하는 다양한 원두와 볶음도를 만들어낼 수 있다는 것, 로스팅하는 과정 자체가 재미있다는 것, 매장 인테리어 면에서 일반 카페에 비해 경쟁력이 있다는 것, 일반 카페에 원두를 납품하거나 매장과 인터넷 몰에서 판매함으로써 추가적인 매출을 창출할 수 있다는 것입니다. 요즘 원두를 구매해 집과 직장에서 드시는 분들도 늘고 있기 때문에 원두 판매가 잘되기만 하면 잔 커피 이상으로 카페 매출에 큰 도움이 됩니다.

그렇다면 단점과 문제점은 없을까요? 장점과 마찬가지로 4가지를 들자면 다음과 같습니다. 우선 로스터기를 구입하는 데 많든 적든 추가 비용이 지출된다는 것, 무더운 여름 로스팅은 정말 덥고 힘이 든다는 것, 로스팅을 배우는 데 시간과 비용이 생각보다 많이 든다는 것, 그리고 가장 중요하고 힘든 점인데요. 주변 상가와 주택 그리고 사람들의 민원입니다. 누가 커피 볶는 냄새를 싫어할까 싶겠지만 배기를 건물 높이 이상으로 설치하고 제연기를 사용한다고 하더라도 민원은 들어올 수밖에 없습니다. 이 문제 때문에 매장을 옮기는 분도 봤습니다. 로스터리 카페를 하기 전에 그 상가에서 로스팅을 할 수 있는지 확인해야 나중에 큰 고생을 하지 않으니 꼭 명심하세요.

카페에 로스터기가 설치된 모습

09 일반 카페의 장점과 한계

일반 카페는 로스터리 카페에 비해 장점이 없을 것이라 생각하는 분들이 있는데요. 꼭 그렇지 않습니다. 4가지 면에서 이점이 있어요. 첫째, 좋은 원두를 적절한 가격에 지속적으로 공급해줄 수 있는 곳을 고르는 안목이 있다면, 오직 맛있는 커피 추출에만 신경 쓸 수 있어 매장 운영에 도움이 됩니다. 둘째, 로스터기를 구입할 비용으로 에스프레소 머신이나 전동 그라인더를 좀 더 좋은 것으로 갖출 수 있습니다. 셋째, 매장 초기 세팅 시 비용을 줄일 수 있을 뿐만 아니라 로스터기를 유지, 보수, 관리하는 데 들어가는 시간과 비용을 절약할 수 있습니다. 마지막으로 이로 인한 스트레스 역시 없으니 정신 건강에도 도움이 됩니다.

일반 카페는 단점과 한계가 없을까요? 로스터리 카페의 장점이 일반 카페에서 부족한 점으로 볼 수 있는데요. 다음 4가지가 그에 해당합니다. 첫째, 평소 내가 원하는 수준의 원두를 구하기가 쉽지 않습니다. 둘째, 맛이 좀 있다 싶으면 가격이 비싸서 이윤을 생각하면 선뜻 구매하기가 어렵습니다. 셋째, 시간이 갈수록 일반 카페는 로스터리 카페의 비해 뭔가 빠진 것 같은, 혹은 전문성이 없는 것 같은 생각이 듭니다. 특히 매출이 잘 나오지 않으면 더욱 그런데요. 인테리어 측면에서 조금 부족한 면이 보이게 됩니다. 매장에 전시용이라도 중고 로스터기 1대쯤 들여 놓고 싶죠. 마지막으로 잔 커피만으로는 매출에 만족이 안 됩니다. 카페 장사는 계절과 기후 그리고 날씨의 영향을 받기 때문에 계절, 월, 일별 매출의 편차가 큽니다. 이런 이유로 원두 납품이나 판매가 도움이 되지 않을까 생각하게 됩니다.

로스터리와 일반 카페 사이에서 결정할 때 가장 중요한 것은 매출이 아니라 어떤 스타일의 커피를 하고 싶은 가입니다. 본인이 생두부터 커피 추출, 그리고 메뉴 개발까지 다 하고 싶은지 아니면 커피 추출과 메뉴 개발, 그리고 라테아트 등에 관심이 있는지 자문하기를 바랍니다. 무엇을 선택하든 아쉬움은 있기 마련입니다. 이상에서 언급한 두 카페 스타일의 장단점과 한계를 잘 생각해보고 본인이 꿈꾸었던 카페를 만들어가길 바랍니다.

일반 카페의 모습

10 1인 카페의 장점과 한계

기계 장비의 하드웨어가 아무리 좋아도 그것을 구동하는 소프트웨어가 나쁘면 도루묵인 것처럼 카페도 크게 다르지 않습니다. 최신 에스프레소 머신과 전동 그라인더 등 기계류를 갖추고 아무리 인테리어가 빼어나더라도, 그에 걸맞은 바리스타와 카페를 효과적으로 운영할 수 있는 경영자가 없다면 속 빈 강정에 불과합니다. 대개 10평 미만의 작은 카페는 사장 혼자 운영하는 경우가 많습니다. 그러다 장사가 잘되면 아르바이트를 뽑고 그 후에 풀타임 직원을 채용하는데요. 이게 또 만만치가 않습니다.

규모가 큰 카페를 하지 않는 한 사장 혼자 일하는 것이 비용을 절감하고 직원으로 인한 스트레스를 덜 받는다는 점에서 효과적입니다. 제가 2010년 처음 카페를 열었을 때의 시급은 4,110원이었고 일 잘하는 아르바이트나 직원은 5,000원을 주던 시절이었죠. 6년 후인 2016년에는 약 50%가 인상된 6,030원이었고, 다시 6년이 지난 지금은 약 50%가 더 올라 9,160원입니다. 여기에 주휴수당과 4대 보험까지 반영하면 비용은 정말 감당하기 어려운 수준까지 올라갑니다.

카페를 오래한 분들은 알겠지만, 커피 1잔의 가격은 그때나 지금이나 크게 차이가 없고 팔리는 양도 비슷합니다. 물가도 그 정도 수준으로 올랐기 때문에 비용만 증가하고 반대로 수익은 점점 떨어지는 구조입니다. 이런 이유로 장사가 좀 되더라도 쉽게 사람을 채용하지 못하는 것입니다. 올라간 임금만큼 일을 잘하느냐 하면 그것도 아닌 경우도 있습니다. 직원 입장에서는 최저임금을 받는다고 생각하기 때문에 그만큼이라도 일하면 다행입니다. 지각은 기본이고 말없이 출근하지 않는 경우도 부지기수입니다. 일 좀 할 만하면 그만두는 경우도 흔합니다. 이런 스트레스 때문에 혼자 일한다는 분들도 많습니다.

혼자 일하면 마음은 편한 대신 몸이 고생입니다. 일단 카페를 시작하면 마음대로 쉴 수도 없는데요. 저는 1년 365일 열지만, 여느 카페는 보통 1달에 2번 정도 휴무를 합니다. 1인 카페를 하면 아파도 병원에 가지 못하고 은행이나 관공서 업무도 볼 수 없어요. 급할 때는 지인에게 부탁하면 다행이고, 일시적으로 카페 문을 닫고 일을 보곤 합니다.

카페는 주로 오래 서서 일해서 평소 쓰지 않는 근육과 관절에 통증이 생깁니다. 손목에 무리가 오면 터널증후군이 올 수 있고, 어깨 쪽에는 오십견과 같은 증상이 오기도 하는데요. 오래 서 있다 보면 고관절에 문제가 생겨 통증이 오는데 대개 한쪽에 옵니다. 이건 정말 치료법도 없어서 쉬면서 재활하는 방법밖에 없습니다. 개인적인 용무로 카페 문을 자주 닫으면 단골이 생기기 어렵고 애써 만든 단골도 발길을 돌리게 됩니다. 정말이지 겪어보지 않은 분들은 이 마음을 모를 것입니다.

11

직원을 둔 카페의 장점과 한계

일 잘하는 아르바이트가 1명이라도 있으면 삶이 달라집니다. 출근 시간이나 점심시간과 같은 피크 타임을 피해 1~2시간은 개인적으로 일을 볼 수도 있고, 손님이 몰릴 때 손을 덜 수 있어 큰 도움이 됩니다. 정말 아르바이트나 직원을 잘 두면 천군만마를 얻은 듯합니다. 안타까운 것은 이런 직원들은 어디를 가든 잘하기 때문에 오래지 않아 더 좋은 조건을 찾아 떠나거나 본인의 매장을 차리고는 하는데요. 시급이나 월급을 더 주더라도 좋은 직원을 구할 때까지 일하도록 독려하는 것이 더 남는 장사입니다.

평생 작은 카페 하나만을 목표로 한다면 1인 카페도 얼마든지 가능하고 효과적으로 보입니다. 그러나 사람 일을 누가 알겠습니까? 단칸방 월세에서 시작해 30평대 아파트를 장만하는 게 사는 재미이듯 사업도 그렇지 않을까요. 이면도로 작은 매장에서 시작해 내 이름으로 된 꼬마빌딩을 장만하겠다는 포부를 가질 필요가 있습니다. 그런 목표가 있을 때 손님에게 더 잘하게 되고 카페에 더 충실하게 되죠. 이런 때 직원의 도움이 절실합니다. 오직 커피에서 가벼운 디저트라도 추가하거나 피크 타임 때 일시에 몰린 많은 손님을 적절하게 응대하려면 직원의 도움이 필요합니다. 직원을 두는 순간 사장은 두 부류, 즉 손님과 직원을 모셔야 함을 잊지 말아야 합니다. 그런 마음이 카페 성장과 정신 건강에도 도움이 됩니다.

직원만으로 운영되는 매장을 흔히 오토 카페라고 합니다. 말 그대로 사장은 투자자로서 카페 매출 중 비용을 제외한 수익만을 챙기는 구조인데요. 대개 투잡을 뛰는 분이나, 나이가 많아 일을 하기 어렵거나, 커피에 대해 잘 모르는 분들이 이런 형태의 카페를 선호합니다. 잘만 되면 연금처럼 꼬박꼬박 현금이 나오기 때문에 가장 이상적인 매장이라 할 수 있습니다. 시스템이 잘 갖춰진 대형 프랜차이즈 매장이 주로 오토 카페로 운영됩니다.

오토 카페가 잘되기 위해서는 실력과 태도를 겸비한 적절한 직원을 채용하는 것은 물론이고 사장이 항상 매장 운영에 관심을 가져야 합니다. 위생적으로 문제는 없는지, 커피 관련 기계는 이상 없이 잘 작동하는지, 손님 응대는 잘되고 있는지 살피지 않으면 그 매장은 머지않아 문을 닫아야 할지 모릅니다. 오토 카페라 하더라도 사장이 커피 관련 일을 하지 않을 뿐 매장 운영 및 관리에는 깊이 관여해야 합니다. 투자자로서 최소한의 역할만 하고 달콤한 수익만을 가져가겠다는 생각은 현실성이 없습니다.

12

새 장비 vs. 중고 장비 선택의 기준과 잘 사는 법

대학을 졸업하고 회사에 들어가 몇 년 후 생애 첫 차를 샀습니다. 그 당시 운전 실력이 미숙한데도 새 차를 너무나 사고 싶은 나머지 흰색 아반떼를 할부로 구매했어요. 1달도 못 돼 운전석 문과 전방 범퍼를 넓고 깊게 긁고 말았죠. 정말이지 가슴을 칼로 베는 듯한 기분이었습니다. 그때 트라우마 때문인지 첫 카페의 에스프레소 머신과 메인 그라인더는 상태가 양호한 중고로 구매하고 대신 로스터기와 제빙기, 테이블 냉장고 등은 신품으로 구매했습니다.

에스프레소 머신은 그 뒤로 3번을 바꿔서 지금 쓰고 있는 것은 4번째입니다. 그중 1대는 중고로 팔았고, 2대는 내외부 수리를 마쳐 언제든 사용할 수 있는 상태로 대기 중이죠. 예산이 충분하다면 굳이 중고 기계를 살 필요는 없습니다. 상태가 양호한 중고 기계를 구하기도 쉽지 않고 볼 수 있는 안목도 없기 때문이죠. 그러나 대부분의 사람은 빠듯한 자금으로 카페를 준비할 테니 모든 기계를 신품으로 살 여유는 없어 보입니다. 물론 중저가로 구색을 갖춘다면 중고 가격으로 새 제품을 살 수도 있을 것입니다.

아무래도 새 장비의 장점은 하자가 없는 새 제품이라는 점과 품질 보증으로 적어도 1년 동안은 마음 편하게 사용할 수 있다는 것입니다. 새 집, 새 차가 좋은 것처럼 새 머신으로 카페를 시작하면 더 설레는 마음이 들기도 하죠. 새 기계가 번쩍번쩍하면 손님이 보기에도 새로 오픈한 데에서 한번 마셔봐야겠다는 생각이 들 수 있겠죠. 희한하게도 일반음식점은 중고 주방을 선호하는데 카페는 새 머신류를 더 찾습니다. 이 또한 카페가 가지는 깔끔한 느낌과 상징성 때문이 아닌가 싶습니다.

새 장비는 포장을 뜯고 바에 들여놓는 순간 중고가 됩니다. 자동차에 비해 감가상각도 상당히 높은데요. 예를 들어 1000만 원짜리 에스프레소 머신을 중고업자에게 1년 뒤 판다면 아마 600만 원을 받으면 많이 받은 것입니다. 울며 겨자 먹기로 절반 가격에 팔아야 할 수도 있습니다. 그렇다고 개인이 중고 머신을 업자처럼 싸게 살 수 있는 것도 아닙니다. 새 기계에 대한 설렘은 1달이 채 못 갑니다. 모든 것이 그렇듯 익숙해지기 때문이죠. 우리 예상과는 달리 손님들은 기계가 새것인지 중고인지 잘 구분하지 못하고 사실 관심도 없습니다. 입장을 바꿔보면 답이 나올 것입니다.

중고 장비의 가장 큰 경쟁력은 새것에 비해 상당히 저렴하다는 것입니다. 만약 사용 기간이 1년 미만이고 관리가 잘된 에스프레소 머신을 만날 수만 있다면 적어도 200~300만 원은 번 것이죠. 요즘은 중고 머신도 3~6개월 정도 무상으로 사후관리를 해주고 있어 중고를 취급하는 머신 업체를 통하면 도움을 받을 수 있습니다. 인터넷 중고 거래 사이트에 올라오는 커피 기계류는 대개 개인이 아니라 전문업체가 올린 것으로 실제 사용해보기 전까지는 머신의 상태를 알 길이 없습니다. 사진과 실물이 다른 경우도 종종 있고요. 조금 번거롭더라도 새 제품을 취급하는 곳에 가면 간혹 양질의 중고 제품을 만날 수도 있습니다. 평소 마음에 둔 모델이 들어오면 꼭 연락을 달라고 부탁을 하는 것도 하나의 방법입니다.

중고 장비의 가장 큰 문제는 언제 어떻게 문제가 생길지 모른다는 것입니다. 무상 사후관리를 받더라도 그로 인한 스트레스와 수리 기간 동안 타 머신으로 교체를 해야 한다는 번거로움은 생각보다 괴로운 일입니다. 진짜 문제는 보증수리 기간이 지난 후에 발생하는 고장인데요. 정말 희한하게도 자동차도 그렇고 기계류는 꼭 멀쩡하다가도 보증수리 기간이 끝나면 문제를 일으킵니다. 중고를 살 때는 이 부분을 어느 정도 각오해야 합니다.

그렇다면 어떤 장비는 중고가 낫고 어떤 것은 새것이 좋을까요? 저는 개인적으로 에스프레소 머신과 그라인더 그리고 냉장고 등 거의 모든 것은 중고로 사도 무방하다고 봅니다. 제가 중고로 사지 않는 것이 있는데 바로 쇼케이스와 제빙기입니다. 둘 다 컴프레서 때문입니다. 쇼케이스의 경우 냉장 기능이 떨어지고 제빙기는 얼음이 얼지 않는 문제가 발생합니다. 과거 쇼케이스와 제빙기 때문에 너무 고생을 해서 그 덕에 공부도 많이 했는데요. 컴프레서에 문제가 생기면 중고 가격에 버금가는 수리 비용이 발생하기도 합니다.

중고 장비를 잘 사는 방법에 대해서는 3막에서 자세히 설명하겠습

쇼케이스

제빙기

에스프레소 머신

니다. 새 제품도 그렇고 상태가 양호한 중고 제품을 고르기 위해서는 해당 머신에 대한 사전 공부가 필요합니다. 가능하다면 카페에서 실전 경험을 하면서 여러 종류의 머신을 다뤄보는 것이 좋습니다. 아는 만큼 보이는 법입니다. 그게 돈을 절약하고 버는 것임을 다시 한번 명심하기 바랍니다.

13 턴키 인테리어의 장점과 한계

매장을 계약하면 인테리어를 하게 되는데 짧게는 10일, 보통 2주, 길게는 1달 정도 소요됩니다. 물론 대형 평수의 카페나 좀 더 섬세한 인테리어를 하는 경우 더 오래 걸리기도 합니다. 여기서 중요한 것은 인테리어를 업체에 모두 일임할 것인가 아니면 일부만 맡길 것인가입니다. 시간 여유가 충분하고 손재주가 좋은 분은 전기와 수도 배관 등 일부만 빼고 모두 본인이 하는 예도 있는데요. 이런 분들은 정말 금손이라고 봐야겠죠.

카페의 내외부를 한 업체에 맡기고 완성된 뒤 업체로부터 출입문 열쇠만 받으면 되는 형태의 인테리어를 턴키(turn key)라고 합니다. 턴키란 발주자가 열쇠만 돌리면 모든 설비가 가동되도록 발주 건을 인도한다는 뜻인데요. 발주자는 카페 설계 도면에 대해 동의를 한 후에는 딱히 신경을 쓸 게 없다는 의미입니다. 에스프레소 바는 어디에 둘지, 배관은 어떻게 할 것인지, 또 조명은 어떤 게 좋을지 고민할 필요가 없으니 공사 동안 오직 카페 영업만 준비하면 됩니다.

턴키형 인테리어의 여러 장점에도 불구하고 몇 가지 단점과 한계가 존재합니다. 비용과 에이전시 문제(Agency Problem)가 대표적인데요. 설계부터 공사에 이르기까지 업체에 맡기다 보면 그렇지 않을 때보다 비용이 많이 든다는 단점이 있습니다. 모든 공사 항목과 자재 그리고 인건비 등에 대해 단가를 적어놓지만, 비전문가는 그 금액이 적절한지 알 길이 없죠. 비용은 그렇다고 해도 모든 공사를 신의 성실하게 하고 있는지에 대한 부분입니다. 즉, 대리인 문제가 발생한다는 것인데요. 카페 공사 발주자가 공사 기간 내내 관리와 감독을 하지 않으면, 과정 중은 물론이고 나중에 공사가 끝난 후에 꼭 하자나 도면과 다른 결과물이 나오기도 합니다. 턴키로 결정했더라도 공사 기간 내내 모든 공정을 관찰하고, 도면과 맞게 공사가 진행되고 있는지 꼼꼼하게 확인해야 하는 이유입니다.

14

DIY 인테리어의 장점과 한계

본인이 특정 분야에 손재주가 있거나 인테리어 공사 비용을 줄일 목적으로 하는 것이 부분 DIY입니다. 조명, 간판, 벽 도색, 스티커 작업 등을 업체에 맡기지 않고 할 수도 있습니다. 카페 천장에 레일 조명을 하는 경우 전기 작업 시 레일만 달아달라고 하고 나머지 조명 쪽은 본인이 하는 것입니다. 간판 역시 LED나 할로겐으로 하지 않는다면 별도의 전기 작업이 필요 없으므로 아크릴 또는 목각으로 간판을 만들 수 있는데요. 카페 벽과 천장 전체를 정교하고 꼼꼼하게 도색할 것이 아니라면 본인이 수성 페인트를 사서 원하는 색상으로 충분히 도색이 가능합니다. 100만 원 이상은 절약할 수 있죠. 카페 영업시간 안내나 전면 유리 등에 홍보용으로 붙일 스티커 역시 업체에 맡기는 것보다 스스로 하면 재미도 있고 비용도 절약됩니다.

부분 DIY의 가장 중요한 점은 본인이 무엇을 할 수 있고 없는지를 판단해야 한다는 것입니다. 그리고 공사 관계자와 충돌이 없도록 상호 협의로 공사를 해야지 본인 임의로 하면 공사 과정 중에 문제가 발생합니다. 공사하는 분들의 근성이 대단하니 주의하세요.

과거 저 역시 부분 DIY로 인테리어를 했습니다. 일부를 제가 하다 보니 불가피하게 디자인상 불균형을 이루는 면이 있었는데요. 여러 번 하다 보면 늘기도 하지만, 다시 그 작업을 업체에 맡긴 적도 있었는데, 간판이 그랬습니다. 목각으로 간판을 만들어 설치했는데 비를 맞고 햇빛에 노출되다 보니 시간이 갈수록 나무가 틀어지고 썩었어요. 결국 간판업자를 불러 LED로 조명을 교체하느라 큰돈을 썼습니다. 부분 DIY 인테리어는 약간의 비용 절감과 일하는 재미가 있지만 본인이 정말 잘할 수 있는 분야가 아니면 업체에 맡기는 것이 효과적입니다.

충분한 시간과 다재다능한 능력을 갖춘 분들이 선택하는 인테리어가 바로 모든 것을 내가 해결한다는 ALL DIY입니다. 승압과 전기 선로 그리고 수도 시설만 빼고 모든 것을 스스로 해내는 분도 봤는데요. 비록 인테리어를 하는 데 시간이 오래 걸리기는 했지만, 카페 설계 도면부터 스티커 작업까지 A to Z를 본인이 해결하니 나중에 문제가 생겨도 업체를 부를 필요도 없을 것 같았습니다만 옆에서 관찰하니 꼭 그렇지도 않더군요. 문제는 오수 배관에서 생겼는데요. 흔히 구배라고 하는 하수도 파이프의 경사를 잘못 줘서 커피 찌꺼기 등 오물이 쌓여 오수가 역류하는 문제가 생겼습니다. 그 후 하수도 구배에 대해 충분히 배웠는지 이제는 못 하는 게 없어 보이더군요.

어떤 형태의 인테리어를 할지는 본인의 예산과 능력에 따라 결정하면 됩니다. 지금부터라도 카페 시설에 무엇이 있는지 어떤 공사가 필요한지 사전에 공부를 해두면 나중에 공사를 할 때 큰 도움이 됩니다.

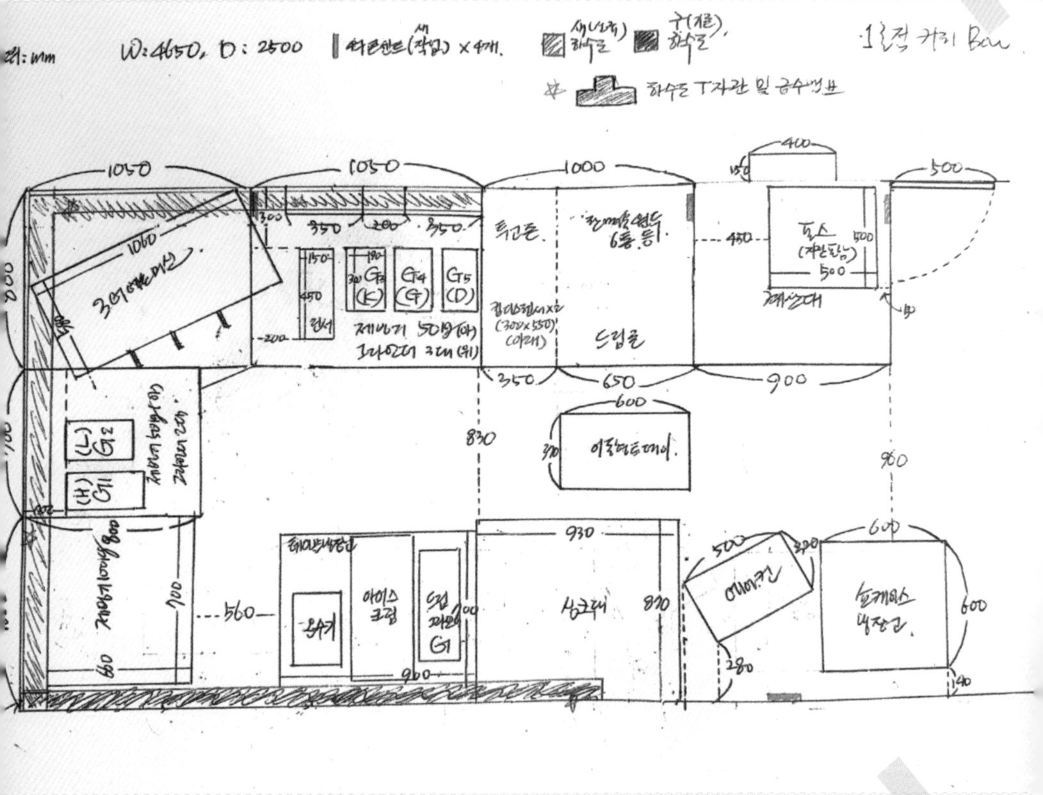

구대회커피 본점의 바 도면

15 에스프레소 머신 어떤 것이 좋을까

누가 뭐라 해도 카페에서 가장 중요한 자리를 차지하는 기계류는 에스프레소 머신입니다. 카페 창업 시 가장 관심 있게 고르는 기계 역시 에스프레소 머신이죠. 그런데 머신을 고르는 기준을 살펴보면 대개 본인의 예산에 맞춰 적당한 것을 구매합니다. 이해하지 못하는 바도 아니나, 본인이 추구하고자 하는 커피의 완성도와 카페 콘셉트에 맞게 좀 더 신중하게 선택했으면 하는 바람입니다.

에스프레소 머신을 분류하는 기준은 가장 간단하게는 수동과 반자동 그리고 자동으로 구분할 수 있습니다. 가격대, 그룹의 수, 보일러 방식, 추출 작동 방식, 그라인더 일체 유무 등으로 나누기도 하는데요. 외관 디자인과 색상은 제품을 고르는 중요한 기준이기는 하나, 커피 추출의 품질을 결정하는 요소는 아니기에 분류 기준에서 배제하겠습니다.

자동차도 기어를 넣는 방식에 따라 수동과 자동으로 구분하듯, 에스프레소 머신 역시 추출을 사람이 온전히 제어하느냐 그렇지 않으냐에 따라 수동, 반자동, 자동으로 나눌 수 있습니다. 수동은 추출 시작과 종료를 바리스타가 결정한다는 점에서 가장 이상적인 추출이 가능합니다. 그러나 자칫하면 엉망인 상태의 커피를 맛볼 수 있어 에스프레소 머신을 잘 이해하고 다룰 줄 아는 사람이 아니라면 추천하지 않습니다.

반자동은 수동과 자동 기능을 모두 갖춘 것으로서 시중에 판매하는 대부분의 머신이 여기에 해당합니다. 즉, 사전에 사용하는 원두의 양과 물의 양으로 추출 시간을 세팅하면 도징한 원두의 양이 같다는 전제에서 추출이 되는 머신을 말하는데요. 추출 버튼을 1번 누르면 추출이 시작되고 일정 시간이 지나면 자동으로 멈춥니다. 마지막으로 자동은 추출 버튼을 누르면 원두를 분쇄하고 담는 도징과 추출이 한꺼번에 이루어집니다. 일정한 커피 맛을 원하거나 커피에 대한 이해가 부족한 사람에게 적당한 머신입니다. 요즘은 대형 프랜차이즈에서도 바리스타의 잦은 이직 때문에 자동 에스프레소 머신을 도입하고 있습니다.

에스프레소 머신의 가격대는 엔트리부터 프리미엄, 그리고 하이엔드까지 다양합니다. 2그룹 기준으로 엔트리는 500~800만 원, 프리미엄은 800~1200만 원, 하이엔드는 1500~3000만 원으로 구분할 수 있습니다. 사실 프리미엄 라인은 1000만 원은 돼야 쓸 만한데요. 하이엔드는 워낙 비싼 머신이 많아서 가격대가 굉장히 폭넓은 편입니다. 엔트리와 프리미엄, 하이엔드의 차이는 브랜드와 보일러 방식 그리고 안정적인 추출의 정도입니다. 머신 자랑을 할 게 아니라면 경험상 프리미엄 라인 정도만 돼도 카페 운영에 전혀 문제가 없습니다.

포터필터의 집에 해당하며 커피 추출에 가장 중요한 역할을 하는 것이 그룹입니다. 쉽게 생각해 커피 밥솥이라고 보면 되는데요. 그 숫자가 몇 개냐에 따라 1그룹, 2그룹, 3그룹, 4그룹으로 구분할 수 있습니다. 대부분의 카페에서는 2그룹을 많이 사용하는데 피크 타임을 고려해도 2그룹 머신 정도면 카페 운영에는 전혀 문제가 없습니다. 정말 손님이 많은 곳이나 카페 위용을 뽐내기 위해 3, 4그룹 머신을 놓기도 합니다. 핸드드립 전문점을 생각 중이라면 1그룹 에스프레소 머신만 들여놔도 괜찮습니다.

에스프레소는 고온과 고압으로 단시간에 추출하는 커피 원액입니다. 여기서 고온이란 93~94℃를 말합니다. 연속 추출 후 일정한 온도를 유지하려면 물을 끓이는 보일러의 성능이 중요합니다. 추출과 온수, 스팀을 각각 담당하는 보일러가 있는 머신을 독립 보일러 방식이라 하고, 하나의 보일러로 추출과 온수, 스팀을 모두 해결한다면 일체형 보일러 방식이라고 합니다. 하이엔드 머신의 경우 3개의 보일러가 각각 추출과 온수 그리고 스팀을 담당하기도 합니다. 손님이 적은 카페는 어떤 것을 쓰더라도 크게 문제가 되지 않아요. 피크 타임이 있는 등 연속 추출을 하는 곳이라면 돈이 조금 더 들더라도 독립 보일러 방식 에스프레소 머신을 추천합니다.

에스프레소 머신의 추출은 버튼을 누르거나 터치하거나 피스톤 방식의 레버를 내림으로써 가능합니다. 대부분의 머신은 버튼을 누르는 방식을 채택하고 있어요. 1번 누르면 추출이 시작되고, 다시 누르면 멈춥니다. 누르는 것에 비해 터치형이 힘이 덜 들고 사용하기도 쉽지만 버튼 하나만 고장 나도 해당 그룹의 전체 패널을 다 교체해야 하는 단점이 있습니다. 피스톤 방식의 레버형은 외관이 멋스럽고 추출하는 재미가 있는데요. 다만 다른 방식에 비해 팔에 무리가 가고 번거롭다는 게 단점입니다.

요즘은 에스프레소 머신에 그라인더가 달린 그라인더 일체형 머신이 눈에 띄게 많아졌습니다. 과거에는 가정용으로 많이 보급됐는데 최근에는 대형 커피 프랜차이즈를 중심으로 업소용 머신에도 일체형이 확산하는 추세입니다. 전자동 에스프레소 머신에 그라인더가 장착된 경우가 많고 무엇보다 공간을 덜 차지한다는 것과 도징과 탬핑 그리고 추출을 한 공간에서 할 수 있다는 게 이점이죠. 그라인더 분리형에 비해 더 비싼 가격대에 형성된 머신이 많아 비용 절약을 위한 대안은 아닙니다. 공간을 효율적으로 쓰거나 커피에 자신이 없는 분들을 위해서는 괜찮은 선택이 될 수 있습니다.

반자동 에스프레소 머신

에스프레소 머신은 본인이 어떤 스타일의 머신을 선호하는지와 예산에 따라 선택하면 됩니다. 대형 평수의 카페가 아니라면 2그룹 독립 보일러 방식의 프리미엄급 그라인더 분리형 에스프레소 머신이 적당합니다. 이전에도 언급했지만, 꼭 새 제품일 필요는 없으니 발품을 팔아 중고 제품 가운데도 상태가 양호한 것을 찾아보세요

16 전동 그라인더 1대면 충분할까

에스프레소 머신이 아무리 성능이 좋아도 홀빈 상태로 커피를 추출할 수는 없습니다. 추출 환경에 맞게 미리 잘게 분쇄하는 역할을 그라인더가 합니다. 사람의 힘으로 작동시키는 것을 수동식이라고 하고, 모터의 힘으로 회전하는 것을 기계식이라 하는데요. 기계식은 포터필터에 원두를 담는 도징을 사람이 하느냐 기계가 하느냐에 따라 반자동과 자동으로 다시 나뉩니다. 잘게 부수는 것도 중요하지만, 미분을 최소화하면서 얼마나 일정한 크기로 분쇄하느냐가 그라인더의 품질을 결정합니다. 기계식 그라인더의 경우 고속 회전하면서 발생하는 열이 원두의 품질에 나쁜 영향을 미치는데요. 이때 쿨링 모터가 날에서 발생하는 열을 식혀주기도 합니다.

흔히 집에서 핸드드립을 위해 사용하는 핸드밀은 수동식이고, 카페에서 사용하는 것은 기계식입니다. 하루에 1~2잔 드립으로 커피를 즐기는 사람이라면 핸드밀로도 충분해요. 사람의 손으로 손잡이를 돌려 작동하기 때문에 분쇄하는 재미가 있고 과정 자체가 멋스럽다는 장점이 있습니다. 다만 여러 번 분쇄할 경우 손에 무리가 가고 분쇄도가 일정하지 않다는 단점이 있어요. 반면 기계식 그라인더는 분쇄 목적에 맞게 분쇄도를 조정하고 버튼만 누르면 순식간에 작업이 끝나기 때문에 편리합니다. 수동식에 비해 가격이 비싸다는 단점이 있지만, 요즘은 저렴한 가격대의 기계식 그라인더도 많이 나와서 집이나 직장에서도 많이 사용합니다.

카페에서 사용하는 에스프레소 머신용 그라인더가 갖춰야 할 조건은 일정한 분쇄도, 정확한 원두의 토출량, 빠른 속도, 분쇄 시 열이 발생하지 않을 것 등입니다. 커피 추출을 위해 연속으로 분쇄하면 원두가 뭉치기도 하고 토출량도 일정하지 않은데요. 흔히 분당 회전속도를 의미하는 RPM도 중요합니다. 커피 1잔을 추출하는 분량의 원두를 분쇄하는 데 3초가 걸리는 그라인더와 9초가 걸리는 그라인더는 피크 타임 때 업무 효율 면에서 큰 차이가 있어요. 다만 RPM이 높을수록 날에 열이 많이 발생합니다. 이는 원두뿐 아니라 기계에도 좋지 않은 영향을 미치는데요. 이를 방지하기 위해 상대적으로 고가의 그라인더에는 별도의 쿨링 모터가 있어 분쇄 시 열을 최소화합니다.

드립용 그라인더는 에스프레소 머신용에 비해 대개 원두를 담는 호퍼의 크기도 작고, 분쇄도의 범위가 넓으며, 청소가 쉽도록 분해와 조립도 간단한 편입니다. 카페에 핸드드립 메뉴가 있거나 원두를 판매할 목적이라면 별도로 갖추는 것이 좋습니다. 에스프레소 머신용보다 상대적으로 저렴하나 말코닉과 디팅과 같은 일부 브랜드는 더 비싸기도 합니다. 한번 구매하면 10년 이상은 쓰기 때문에 저가의 제품보다는 쓸 만한 그라인더를 선택하는 게 오히려 경제적입니다.

요즘 싱글 오리진과 디카페인 커피의 수요가 늘면서 에스프레소 머신용 메인 그라인더와는 별도로 서브 그라인더를 놓는 카페가 늘고 있습니다. 싱글 오리진 원두 수만큼 구비한 곳도 있지만, 수요가 많지 않다면 하나의 그라인더로 여러 원두를 분쇄하게 됩니다. 여러 종류의 싱글 오리진은 하지 못하더라도 디카페인 커피를 위해 서브 그라인더는 고려하는 것이 좋습니다. 카페인 때문에 커피를 즐기지 못하는 분들에게 디카페인은 훌륭한 대안이죠. 오후 늦게나 저녁에 커피를 마시면 숙면에 방해가 돼 디카페인 커피를 찾는 손님이 늘고 있기 때문입니다.

에스프레소용 서브 그라인더는 메인에 비해 상대적으로 사용 빈도가 낮아 저렴한 것을 갖춰도 큰 문제가 없습니다. 예를 들어 메인 그라인더를 200만 원 선에서 구매했다면 서브는 100만 원 정도 되는 것을 고려하면 됩니다. 간혹 저가의 드립용 그라인더로 분쇄도를 조절해 에스프레소용 서브 그라

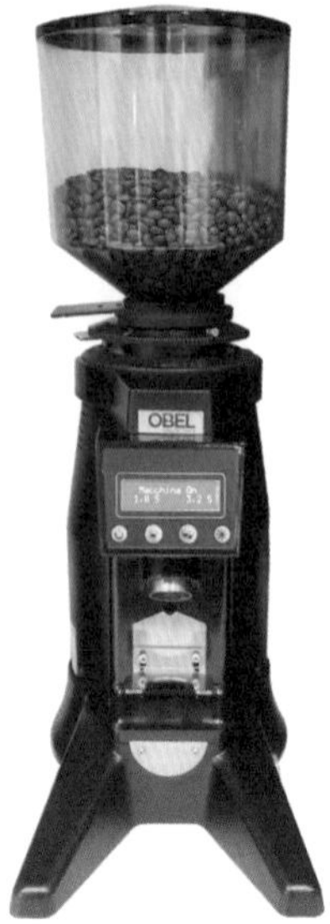

서브 그라인더

메인 그라인더

인더로 쓰면 안 되는지 묻는 분이 있습니다. 절대로 추천하지 않습니다. 드립용으로 나온 것은 다 그만한 이유가 있습니다. 분쇄도만 작게 한다고 해서 에스프레소용으로 적합한 분쇄도를 기대할 수 없고, 도징 자체가 쉽지 않아 정량을 담기도 어렵습니다.

본인이 어떤 스타일의 카페를 하느냐에 따라 그라인더를 결정하면 됩니다. 1그룹 에스프레소 머신에 주로 핸드드립을 하는 카페를 계획 중이라면 말코닉 ek43 모델 1대만 준비해도 올라운드로 문제가 없습니다. 그 외에는 2그룹 에스프레소 머신 이상은 메인 그라인더 1대, 디카페인 또는 싱글 오리진 서브 그라인더 1대, 핸드드립 또는 원두 판매용 그라인더 1대를 고려해보세요. 에스프레소 머신만큼 그라인더 역시 중요하다는 것을 절대 잊지 마시고 그라인더에 돈을 아끼지 마세요.

17 공랭식과 수랭식 제빙기의 장단점

'얼죽아'의 나라, 대한민국에서 카페를 준비하면서 제빙기를 고려하지 않는 사람은 없습니다. 우리나라 커피 애호가 가운데 아이스 아메리카노를 싫어하는 사람은 거의 없는데요. 여름은 물론이고 겨울에도 아이스는 못 참죠. 얼음을 만드는 기계인 제빙기는 냉각 방식에 따라 공랭식과 수랭식으로 구분합니다. 1일 생산량에 따라 30kg부터 250kg까지 종류가 다양합니다. 얼음의 모양에 따라 작은 얼음과 큰 얼음으로 구분하기도 합니다.

냉각 방식이 직접적으로 얼음을 만드는 데 관여하는 것은 아닙니다. 얼음을 만드는 응축기와 컴프레서를 식히는 데 공기를 사용하느냐 아니면 물을 사용하느냐를 말하는 것이죠. 즉, 얼음을 만들고 발생한 열을 식히는 데 전기만을 이용할 것인가 아니면 전기와 물을 수단으로 할 것인가를 선택하는 것입니다.

공랭식은 주변 공기로 냉각해 수랭식에 비해 물 사용이 적어 유지비가 적게 듭니다. 그리고 상대적으로 저렴하다는 장점이 있어요. 다만 냉각 과정 중에 소음이 과도하게 발생합니다. 열을 식히는 과정에서 주변의 공기가 뜨거워지는데 제빙기 주위가 막혀 있는 경우 얼음 생산량이 떨어지고, 수명이 단축될 수 있습니다.

수랭식은 공랭식과는 달리 물로 응축기와 컴프레서를 냉각합니다. 1년 내내 사용하면 수랭식에 비해 수도 요금이 3~4배 이상 더 나올 수 있습니다. 공간이 협소해도 설치가 쉽고 얼음 생산량에 거의 영향을 받지 않는다는 장점이 있습니다. 더구나 제빙기 작동 중 소음이 거의 발생하지 않고, 주변이 냉각 열로 더워지는 현상이 없다는 이유로 선택을 많이 합니다.

저는 공랭식과 수랭식 제빙기 모두 사용하고 있습니다. 과거 공랭식을 협소한 공간에 설치하는 바람에 내부 열이 충분히 냉각되지 못해 컴프레서가 고장 나서 수리비로 30만 원이 넘는 돈을 낸 경험이 있습니다. 그 당시 하루에 커피를 400잔 정도 팔았는데 10평도 안 되는 공간에 100kg 1대, 50kg 2대를 돌리면서 장사를 했습니다. 제빙기가 히터처럼 더운 바람을 내기 때문에 겨울은 그나마 괜찮은데 한여름에는 정말 고생을 많이 했습니다.

18 알맞은 제빙기 선택하기

제빙기, 과연 어떤 것이 있고 선택은 어떻게 해야 할까요? 제빙기를 구매할 때 고려해야 할 3가지는 냉각 방식, 1일 얼음 생산량, 얼음의 모양입니다.

환기 시설이 충분해 매장 마감 이후에도 실내 공기 순환이 가능하다면 공랭식 제빙기를 선택하면 됩니다. 다만 제빙기를 닫힌 공간에 매립해야 하고, 매장 마감 이후에 환기가 어려운 경우에는 수랭식이 적당해 보입니다. 특히 한여름 매장 마감 후 공랭식 제빙기를 밤새 틀어놓고 다음 날 문을 열면 실내 온도가 거의 섭씨 40℃까지 올라갑니다. 당연히 냉장고 안이 아닌 매장 내에 있는 식자재와 원두에 좋지 않은 영향을 줍니다. 그래서 어쩔 수 없이 밤새 에어컨을 틀어놓고는 했습니다. 즉, 물을 아낄 것인가 전기를 아낄 것인가 사이에서 결정해야 합니다.

냉각 방식을 선택했다면 이제 1일 얼음 생산량을 기준으로 용량을 결정해야 합니다. 작은 것은 30kg, 큰 것은 250kg까지 다양한데요. 매장의 크기뿐만 아니라 하루에 아이스 음료를 얼마나 팔 수 있는지 예상해야 용량을 결정할 수 있습니다. 미리 판매량을 예상한다는 것이 참 어려운 문제죠. 큐빅 모양의 셀타입 큰 얼음 1개가 약 17g이고, 14온스 아이스 컵에 10개 정도 들어갑니다. 1일 얼음 생산량이 50kg인 경우 이론상으로는 하루에 약 290잔을 팔 수 있는 양인데요. 통상 10평 기준으로 50kg 정도 되면 사용하는 데 큰 문제가 없으나, 피크 타임 때 손님이 많이 몰리는 매장은 한 사이즈 더 큰 제빙기를 구비하는 것이 좋습니다.

이제 마지막으로 얼음의 모양이 남았습니다. 대개 큐빅 모양의 셀타입 큰 얼음과 작은 얼음이 있는데요. 두 얼음은 모양뿐만 아니라 얼음이 만들어지는 데 걸리는 시간의 차이도 있습니다. 작음 얼음이 큰 얼음 보다 만드는 데 시간이 적게 걸립니다. 하지만 1일 생산량은 차이가 없습니다. 손님에 따라 얼음 모양의 선호도는 극명하게 다른데요. 음료를 오래 마시기를 좋아하는 사람은 큰 얼음을 좋아하고, 얼음을 씹어 먹는 것을 즐기는 사람은 작은 얼음을 선호합니다. 제가 제빙기가 여러 대 있어 큰 얼음과 작은 얼음의 선호도를 조사한 적이 있었는데 대부분의 손님은 큰 얼음을 더 많이 찾았습니다.

결론적으로 전기요금을 아끼고자 하면 수랭식이 좋고, 수도 요금 절약에는 공랭식이 낫습니다. 본인이 하고자 하는 매장의 규모와 1일 판매량, 그리고 매장 구조를 고려해 제빙기를 선택하면 좋아요. 다만 세상에 모든 조건을 다 만족시키는 제품은 없습니다. 하나를 얻으면 다른 하나를 포기해야 하는 것이 세상의 이치인가 봅니다.

19 메뉴 구성은 어떻게 해야 하나

프랜차이즈가 아닌 개인 카페를 하려면 반드시 준비해야 하는 것이 메뉴 구성입니다. 메뉴에도 삼성이 있다는 말 들어보셨나요? 뜬금없이 웬 삼성인가 하겠지만 회사 이름은 아니고요. 메뉴 구성의 3원칙인 대중성, 독창성, 시류성에서 나온 말입니다. 메뉴를 만들 때 이상의 3가지를 반드시 고려하고 반영해야 타 카페보다 경쟁력 있고 손님에게 오래 사랑받는 메뉴를 만들 수 있습니다.

대중성이란 호불호가 많이 갈리지 않는 것을 말합니다. 이미 오래전에 만들어진 것으로 많은 사람들에게 검증을 받은 메뉴를 의미하는데요. 예로는 에스프레소, 아메리카노, 카페라테, 카푸치노, 캐러멜마키아토, 카페모카 등이 있습니다. 에스프레소 머신을 사용하는 카페라면 반드시 들어가야 할 메뉴인 셈입니다. 핸드드립 전문점이라면 원두의 종류와 드립 방법에 따라 기본적인 메뉴가 있는데요. 넬 드립과 하리오 드립, 그리고 점 드립을 예로 들 수 있습니다.

대중적이라는 것은 반대로 '차별화되지 않는다'라고도 해석할 수 있습니다. 누구나 하는 것이고 어디를 가도 있는 것이라 손님에게 호소력 있는 메뉴는 아니라는 뜻으로, 그 카페를 왜 가야 하는지에 대한 명분이 약하다는 것이죠. "그 집 카페라테 맛있다는데"라고 하면 커피를 진짜 좋아하는 사람이야 그 의미를 알겠지만, 대부분의 사람은 감흥이 덜합니다. 그 카페만의 뭔가 독창적이고 차별화된 음료나 맛이 있을 때 손님들은 반응하거든요.

신메뉴를 개발하는 목적은 신규 고객을 창출하고 기존 손님을 더 견고히 유지하기 위함입니다. 여러 메뉴를 개발하면 그 가운데 일부는 손님의 선택을 받아 메뉴판에 이름을 올리기도 하는데요. 저 역시 그동안 허니 카푸치노, 아딸밀요, 해장커피, 아이스마프 등 이름도 특이한 여러 메뉴를 개발했습니다. 대부분은 역사의 뒤안길로 사라졌고요. 일부만 메뉴판에 이름을 올리고 있습니다. 대표적인 메뉴로는 기존 사케라토에 우유와 흑당을 더 넣어 만드는 흑당사케라토가 있어요. 특히 여름에 인기가 좋습니다.

독창적인 메뉴를 개발하기란 여러모로 어려움이 많습니다. 기존에 없는 것을 만들어야 한다는 부담감과 기껏 만들었는데 손님의 반응이 시큰둥할 때 느끼는 좌절감 때문이죠. 그런데 어쩌면 이건 당연한 일인지도 모릅니다. 사람들은 새로운 것을 반기기도 하지만, 한편으로 불편해하기도 하니까요. 세상에 없는 메뉴를 만들겠다는 생각보다는 기존 메뉴에서 재료를 빼거나 더해 손님이 좋아할 만한 색다른 모양과 맛을 내는 메뉴를 만드는 것부터 시작하세요. 이 과정이 반복되다 보면 어느 순간 기발한 음료가 개발될 것입니다.

사시사철 오래도록 사랑받는 메뉴도 중요하지만, 한때 사랑받고 벚꽃처럼 떨어지는 메뉴도 필요합니다. 과거 와플이 유행인 적이 있었는데요. 카페마다 와플기가 없을 정도로 뜨거웠습니다. 그런데 2~3년이 지나니 그 많던 와플기는 어디로 갔는지 찾아볼 수가 없더군요. 그리고 5년쯤 지나니 크로플이란 새 메뉴가 등장했습니다. 크루아상 생지를 와플기로 구워내는 것인데 와플의 인기만큼은 아니지만 한참 인기를 끌었죠. 대만 음료에 영향을 받아 달달한 흑당에 쫄깃한 버블을 넣은 커피 음료가 선풍적인 인기를 끈 적도 있었는데요. 지금은 버블티 전문점이 아니면 찾아보기 힘들 정도입니다.

유행을 타는 메뉴의 특징은 짧게는 수개월에서 길게는 2년까지로, 기간이 길지 않다는 것입니다. 운이 좋으면 고정 메뉴가 되기도 하지만, 대개 사라지고 말죠. 하지만 이런 메뉴를 무시하면 그 시기에만 팔 수 있는 메뉴 하나를 놓치고 마는 것입니다. 커피만을 기치로 무소의 뿔처럼 가는 것도 좋지만, 손님에게 메뉴 선택권을 일부 주는 것도 카페 영업 전략 중 하나입니다.

결국 메뉴는 위에서 언급한 3원칙 사이에서 상호 보완하며 생기고 사라지고를 반복하는 것입니다. 대중성을 기반으로 하는 커피 메뉴 아래 매년 그 카페만의 독창적인 메뉴 1~2가지를 내놓을 수 있어야 합니다. 그리고 그 시기에만 팔 수 있는 메뉴에 대해 넓은 마음을 가지고 손님에게 제공하면 어떨까요. 메뉴의 종류가 많을 필요는 없지만, 커피 장인의 길을 갈 것이 아니라면 오직 커피만을 고집하지 않았으면 합니다.

20 하우스 원두 선택의 기준

요즘은 여러 대의 그라인더를 구비하고 다양한 종류의 원두를 제공하는 커피 맛집도 많습니다. 메인 그라인더 혹은 그 카페에서 사용하는 주요 원두를 하우스라고 하는데요. 대개 3~4가지의 원두를 섞어 사용하지만, 일부는 싱글 오리진을 하우스로 쓰기도 합니다. 그렇다면 하우스 원두는 어떤 특징을 가지고 있을까요? 그리고 어떻게 하면 우리 카페에 딱 맞는 하우스 원두를 선택할 수 있을까요?

대개 한번 하우스 원두를 정하면 여간해서는 잘 바꾸지 않기 때문에 처음 선택할 때 신중해야 합니다. 맛이 자꾸 바뀌면 기껏 그 맛을 들인 손님이 혼란스러워지고 자칫하면 다른 카페로 발길을 돌릴 수도 있기 때문인데요. 하우스 원두가 갖춰야 할 3가지 조건은 무난할 것, 맛의 변화가 적을 것, 여러 메뉴와 잘 어울릴 것입니다.

성격이 까다롭지 않아 이렇다 할 단점이나 흠잡을 데가 없는 사람을 일컬어 성격이 무난하다고 합니다. 이는 커피에도 적용될 수 있는데요.

커피의 특정 맛이 너무 도드라지지 않고 과하지 않아 부담 없이 즐길 수 있는 맛을 무난한 커피라고 할 수 있습니다. 그렇다고 색깔이 없다거나 밋밋하다는 의미는 아닙니다. 커피를 마셨을 때 너무 쓰지도 시지도 않으면서 커피 하면 떠오르는 구수하고 가벼운 쓴맛을 무난하다고 할 수 있습니다. 친구와 커피 맛을 이야기하면서 "그 집 커피 어때?"라고 물었을 때, "어, 무난해"라고 하면 커피 맛이 괜찮다는 뜻이니까요.

원두는 생물이기 때문에 볶은 후 시간과 환경의 변화에 따라 맛이 달라집니다. 맛은 뛰어나나 까다로운 원두가 있고 맛은 별로이나 다루기 쉬운 원두도 있습니다. 이 둘 사이의 접점, 즉 무난하면서 맛의 변화가 적은 원두를 찾는 것이 쉽지 않습니다. 저 역시 그런 경험이 있습니다. 처음 며칠 간은 맛이 정말 기가 막혔는데 어느 순간이 지나니까 맛이 급격하게 떨어졌던 원두에 대한 경험 말이죠. 개인적으로 즐기기에는 좋지만, 불특정 다수에게 판매하기에는 위험한 하우스 원두라고 할 수 있습니다.

에스프레소와 아메리카노로 마셨을 때는 참 좋았는데 우유와 섞으니 뭔가 밋밋한 맛 때문에 불편했던 적 있을 거예요. 좋게 말하면 부드러운 맛이고 정확히 말하면 싱거운 맛인데요. 즉, 하우스 원두는 물과 우유, 둘 모두와 잘 어울리는 맛이어야 합니다. 일부 카페는 2가지 하우스 원두를 쓰기도 합니다. 핫과 아이스 메뉴 혹은 물과 우유를 구분해서 하우스 원두를 달리하기도 합니다. 1가지 하우스 원두를 쓴다고 전제했을 때 여러 메뉴와 잘 어울리기 위해서는 어떠해야 할까요? 이상적인 맛을 목표로 할 수도 있지만, 그것보다는 자신의 카페가 어떤 맛을 추구할 것인지 명확하게 정하는 것이 중요합니다. 즉, 산뜻한 맛, 구수한 맛, 쌉쌀한 쓴맛 중 어떤 쪽에 집중할 것인지 선택해야 합니다.

로스터리 카페라면 문제가 되지 않지만, 일반 카페는 하우스 원두를 로스터에게 받아야 합니다. 이게 참 쉬운 일이 아닙니다. 아무리 로스터가 원두를 일정하게 볶는다고 해도 받아서 쓰는 처지에서는 맛이 조금 변한 것 같기도 하고 달라진 것 같기도 합니다. 변했다는 것은 맛이 예전보다 덜하다는 것이고요. 달라졌다는 것은 맛은 나쁘지 않으나 이전 맛과 다르다는 의미입니다. 정말 생두를 잘못 볶았을 수도 있고, 추출 환경에 문제가 있을 수도 있어 단정하기 어려운데요. 로스터에게 커피 맛이 이상하다고 물어보는 분도 있지만, 그 카페의 커피 추출 환경과 원두 상태를 알 길이 없어서 로스터는 적확한 답을 주기 어렵습니다. 하우스 원두는 정말 신중하게 결정해야 합니다. 다만 한번 실력 있는 로스터와 인연을 맺었다면 오래가는 것이 정말 아쉬울 때 도움을 받을 수 있는 방법입니다.

하우스 원두는 볶은 후 언제 가장 맛있을까요? 그것은 원두의 종류, 볶음도, 배합 비율, 보관 환경 등 고려해야 할 요소들이 많아 뭐라고 딱 잘라 말하기가 어렵습니다. 또한 맛있다는 의미의 개인차가 워낙 커서 쉽지 않죠. 본인이 추구하는 커피 맛과 그것을 구현할 로스터의 궁합이 중요합니다. 커피를 추출할 바리스타와 생두를 볶아 원두로 만드는 로스터, 두 사람 모두 커피 스타일이 명확하므로 본인에게 맞는 로스터를 만나 하우스 원두를 결정하고 지속적으로 커피 맛에 관심을 가져야 합니다.

21 스페셜티, 발효 커피 등은 필요한가

요즘 고급 커피의 대명사는 스페셜티(Specialty)입니다. 이름난 카페는 말할 것도 없고, 웬만한 카페만 가도 스페셜티 커피를 쓴다며 홍보하고 있어요. 프리미엄 커피와 헷갈리는 사람들이 많지만 둘의 차이는 품질도 가격도 아닙니다. 스페셜티 커피란 미국의 스페셜티커피협회(Specialty Coffee Association of America)에서 정한 품질 기준을 만족한 커피를 의미합니다.

스페셜티 커피가 되기 위해서는 외면적 평가와 관능적 평가에서 기준 이상의 점수를 획득해야 합니다. 외면적 평가는 그린 그레이딩(Green Grading)이라고 하며, 생두 350g 중에 결점두가 최대 8개 이하여야 기준에 부합합니다. 관능적 평가는 로스티드 그레이딩(Roasted Grading) 또는 커핑(Cupping)이라고 하며, 분쇄한 원두의 커핑 시 향미 평가로 80점 이상을 획득해야 비로소 스페셜티 커피가 될 수 있습니다.

미국의 스페셜티커피협회는 1982년에 시작됐지만, 국제적으로 스페셜티 커피가 관심을 받게 된 것은 2004년 베스트 오브 파나마 생두

경매에서 거래된 게이샤(Geisha)라는 커피의 영향이 컸습니다. 라 에스메랄다 농장(Hacienda La Esmeralda)에서 출품한 이름조차 독특한 이 커피는 당시엔 상상할 수 없는 가격인 1파운드당 21달러에 낙찰됐는데요. 당시 다른 생두 경매가가 3달러 내외였다는 점을 고려하면 정말 대단한 사건이었습니다.

"이전까지는 경험하지 못한 놀라운 맛"이라는 평가가 뒤따랐으며, 한 심사위원은 "이 커피에서 신의 얼굴을 보았다"라고 말해 화제가 됐습니다. 아주 훌륭한 와인을 '신의 물방울'이라고 하잖아요. 커피 이름이 일본의 전통적인 기생의 이름과 발음이 비슷해 그것과 연관이 있지 않나 오해하는 분들이 있는데 전혀 관계가 없습니다.

이 품종의 원산지는 에티오피아 남서쪽에 있는 게샤(Gesha)입니다. 1930년대 영국 외교관이 채집한 커피 열매가 케냐, 탄자니아, 코스타리카를 거쳐 파나마까지 와서 결국 70년 만에 빛을 본 것이죠. 이름 또한 이 게샤의 지명을 따서 영어로 게이샤라고 부르게 됐다고 합니다.

고급 커피에 관심 있는 분들은 COE(Cup of Excellence) 커피에 대해 한번쯤 들었을 것입니다. 스페셜티와는 별개로 비영리 국제 커피 기구인 ACE(Alliance for Coffee Exellence)에서 매년 개최하는 커피 품평에서 86점 이상을 받은 커피에만 부여하는 타이틀입니다. 1999년 시작된 이 경연은 현재 중남미와 아프리카 13개국이 참여하는데, 그 과정이 매우 투명합니다. 이 점수를 기반으로 옥션에서 커피를 판매해 농부들에게 더 많은 수입이 돌아가게 한 것이 특징입니다.

커피 체리를 생두로 만드는 공정을 프로세스(Process)라고 합니다.

크게 마일드로 불리는 습식법, 가장 오래되고 원초적인 건식법, 그리고 허니 프로세스라고 하는 반습식법이 있는데요. 요즘 뜨고 있는 새로운 프로세스가 있어 화제입니다. 무산소 발효(Anaerobic Fementation)와 무산소 탄소 침용(Anaerobic Carbonic Meceration)으로 대표되는 발효 커피입니다. 모두 산패의 원인이 되는 산소를 차단하는 공정을 거친다는 특징이 있습니다. 전자가 산소만을 차단하는 방식이라면, 후자는 산소를 제거한 공간에 이산화탄소를 주입함으로써 미생물의 활동을 제어하는 방식으로, 탄소 침용은 와인을 담글 때 사용하는 방식이며 커피 체리의 과육을 제거한 후 발효 과정을 거칩니다.

여기서 우리가 눈여겨볼 것은 무산소 발효입니다. 습식 무산소 발효, 건식 무산소 발효, 허니 무산소 발효로 구분하는데요. 엄밀히 말하면 커피 체리는 나무에서 분리되는 순간부터 발효가 된다고 볼 수 있습니다. 무산소 발효는 과육을 제거한 생두를 비닐팩이나 플라스틱 통에 넣고 산소를 차단해 향미의 손실을 줄입니다. 발효되는 과정에서 독특한 맛과 향을 높이는 효과를 얻을 수 있습니다. 일부에서는 시나몬, 민트, 오렌지 등을 가향해 무산소 발효를 하는데 가향된 생두를 볶아 추출해서 맛을 보면 실제로 시나몬 향, 민트 향, 오렌지 향을 느낄 수 있어 독특한 커피를 찾는 마니아에게 인기가 있습니다.

저 역시 습식 무산소 발효로 가공한 코스타리카 생두를 구매해 정성껏 볶아 추출해봤습니다. 이전에 경험한 습식 코스타리카 커피와는 다른 풍미를 느낄 수 있었어요. 상대적으로 잡미가 적고 향미가 더 또렷한 느낌이었습니다. 라면으로 비유하면 일반 라면도 맛있지만, 생면으로 끓인 라면이 더 쫄깃하고 부드럽잖아요. 뭔가 향미가 더 선명하고 부드러운 느낌이었습니다.

경험상 커머셜 원두만으로도 카페를 운영하는 데는 아무 문제가 없습니다. 다만 커피 전문가라면 시대의 변화와 그에 따른 소비자의 기호 변화에 능동적으로 대처해야 합니다. 스페셜티나 COE, 그리고 발효 커피를 취급하지 않더라도 그것들이 어떤 커피인지, 맛은 어떠한지, 왜 내가 그 커피를 팔고 있지 않은지를 손님에게 설명할 수 있어야 한다는 것이죠. 기본에 충실하면서 커피 공부와 소비자 선택권 측면에서 보면 커피의 새로운 물결에 대해 조금은 관심을 두는 것도 필요해 보입니다.

22 디카페인 원두는 필수인가

혹시 커피 약자라는 말 들어봤나요? 커피의 맛과 향을 정말 좋아하지만, 카페인 부작용 때문에 커피 마시는 것을 엄두도 못 내는 사람을 말합니다. 노약자와 임산부 그리고 건강한 성인임에도 체질상 카페인에 민감하게 반응하거나, 분해 속도가 현저하게 느려 몸에 이상이 오는 사람입니다. 제 지인 가운데는 콜라 1잔만 마셔도 가슴이 뛴다는 분도 있습니다. 이런 약자를 위해 대안으로 나온 것이 디카페인 커피, 즉 생두 상태에서 카페인을 인위적으로 제거한 커피를 말합니다.

디카페인 커피를 만드는 가장 대중적인 공법은 '스위스 워터 프로세스'로 1930년대 스위스에서 개발된 물을 이용한 제거법입니다. 카페인을 제거한 수용성 커피 성분, 즉 GCE(Green Coffee Extract)가 담겨 있는 물에 생두를 넣은 뒤 둘 사이의 화학적 평형을 이용하는 것인데요. 카페인이 생두에서 빠져나가면 탄소 필터가 그것을 포집하는 것을 반복함으로써 카페인을 제거하는 방식입니다. 카페인을 99% 이상 제거할 뿐만 아니라 물 이외에 일체의 첨가물이나 화학성분이 들어가지 않아 많이 사용됩니다.

그렇다면 실제 디카페인 커피에는 카페인이 얼마나 있을까요? 스타벅스 커피의 경우 아메리카노 그란데 1잔에 2.3~11.5mg의 카페인이 들어 있다고 하는데, 성인의 1일 카페인 허용치가 400mg이니 여기에는 한참 못 미치지만, 카페인에 민감한 사람에게는 이 역시 자극이 될 수 있겠네요. 저 역시 에스프레소 2샷을 베이스로 디카페인 커피를 판매하는데요. 이런 이유 때문인지 1샷만 넣어달라는 분이 있었습니다. 카페인 강자인 저는 이해가 되지 않지만, 한편으로 짠한 마음이 들더군요. 그래서인지 카페인 약자인 분들의 커피는 더 신경 써서 만들게 됩니다.

같은 산지의 일반 생두와 디카페인 생두 그리고 일반 원두와 디카페인 원두는 색상과 향미에서 확연한 차이를 보입니다. 일반 생두는 푸른빛을 띠고 풋풋한 향이 특징인데요. 디카페인은 거무스름한 빛에 살짝 매콤한 향이 납니다. 원두 역시 큰 차이를 보입니다. 일반 원두에 비해 디카페인은 더 검은색을 보이며, 카페인을 제거하는 과정에서 향미 성분도 물에 녹아 상대적으로 맛과 향이 떨어집니다.

디카페인 생두는 로스팅 또한 일반 생두에 비해 상당히 어렵습니다. 같은 산지의 생두라 하더라도 디카페인은 일반에 비해 1~2단계 아래로 잡고 로스팅해야 하는데요. 예를 들어 콜롬비아 수프리모급 일반 생두를 풀시티 목표로 220℃에 배출했다면 디카페인은 그보다 낮은 214℃가 적당합니다. 일반 생두라면 하이 로스트(High Roast) 또는 시티 로스트(City Roast)에 해당하는 온도죠. 디카페인은 일반 생두에 비해 로스팅

(좌) 디카페인 생두 (우) 일반 생두

시간에 따른 생두의 변화가 상대적으로 빨라 포인트를 잡기가 어려우니 평소보다 더 집중해서 로스팅해야 합니다.

일반 원두처럼 디카페인도 원두의 종류에 따라 향미에 큰 차이가 있을까요? 너무 당연한 얘기 같지만, 확연한 차이를 보입니다. 디카페인은 일반 생두에 비해 종류가 훨씬 적어서 때에 따라 생두 회사의 디카페인 생두 재고가 바닥 나 지금 쓰고 있는 것을 구할 수 없을 때도 있는데요. 하는 수 없이 디카페인 생두를 바꾸면 손님들은 대번 그 차이를 알고 커피가 바뀌었냐고 묻습니다. 그리고 전보다 맛이 못 하다거나 더 낫다고 바로 평가해 이제는 디카페인 자체를 하는 것을 넘어 종류에 대해서도 신경이 쓰입니다.

카페에서 디카페인 커피를 취급하기 위해서는 메인 그라인더 이외에 추가로 1대의 그라인더를 더 갖춰야 하는 부담이 있습니다. 사실 그라인더보다는 원두 관리가 더 문제인데요. 커피는 생물이기 때문에 볶은 후 시간이 지나면 산패가 진행되고 결국 향미는 급격하게 떨어집니다. 아직 디카페인 커피의 수요는 일반 커피에 비해 5% 미만입니다. 하루에 100잔의 커피를 팔면 일반이 95잔, 디카페인이 5잔 정도밖에 되지 않는 것입니다. 이를 위해 별도의 비용을 들여 그라인더와 원두를 갖춘다는 것이 선뜻 내키지 않을 테지만 초기에는 투자라고 생각해야 합니다. 맛있는 커피를 판매한다면 입소문을 타고 커피 약자뿐만 아니라 약자와 함께 오는 다른 손님도 있을 것입니다. 카페를 1~2년 할 것이 아니라면 길게 보고 디카페인 원두도 메뉴판에 넣는 것은 어떨까요.

23 우유는 무엇을 쓸 것인가

카페 메뉴 중 아메리카노 다음으로 많이 팔리는 음료는 카페라테입니다. 에스프레소에 차갑거나 데운 우유를 섞은 것을 카페라테라고 하는데 카페라테는 커피 못지않게 우유가 맛에 큰 영향을 줍니다. 일부 카페에서는 마트에서 가장 저렴한 우유나 상대적으로 유통기한이 긴 멸균우유를 쓰기도 합니다. 경쟁력 있는 카페를 만들기 위해서는 사용하는 원두와 잘 어울리는 우유의 선택도 중요하죠. 시중에 나와 있는 여러 가지 우유로 메뉴를 만들어본 후 커피의 특징을 잘 살릴 수 있는 것으로 정해야 합니다. 저 역시 몇 년간 S사 제품을 쓰다가 원두 블렌딩과 로스팅 포인트를 조정한 후 M사 제품으로 바꿨습니다.

세계 각지를 여행하다 보면 나라마다 혹은 같은 나라의 지역에 따라서도 우유의 맛이 각양각색입니다. 소의 품종과 사료나 풀 그리고 가공 방식이 다르기 때문입니다. 우유에 일체의 첨가물을 넣지 않았음에도 유난히 고소하고 맛있었던 우유가 있었습니다. 콜롬비아 살렌토에서 그랬고, 아르헨티나 칼라파테에서도 비슷한 경험을 했어요. 이건 단지 여행지 분위기 때문만은 아니었습니다.

우리가 먹는 우유는 암소의 젖입니다. 흔히 생유라고 쓰여 있는 것은 저온살균 등 기본적인 가공처리만 한 것입니다. 이와 달리 멸균우유는 134~150℃로 2~5초간 살균 과정을 거칩니다. 다이어트와 건강 관리를 위해 저지방 우유를 찾는 분들도 많이 늘고 있는데요. 이는 우유에서 지방의 함량이 약 2% 이내인 것을 말하는 것으로 0.1% 이내인 탈지유와는 차이가 있습니다.

제가 초등학교에 다닐 때만 해도 우유를 영양의 보고라며 학생들의 건강을 위해 학교에서도 우유 급식을 했습니다. 우유 성분의 대부분은 수분으로 88.2%를 차지하며, 그다음으로는 당질이 4.7%, 지질과 단백질 그리고 회분 순입니다. 우유에는 뼈를 튼튼하게 한다는 칼슘이 소량 포함돼 있습니다. 우유의 칼슘은 적정량, 하루 200mL 2잔을 섭취하면 대장암과 직장암을 예방할 수 있다고 합니다. 다만, 장기간 과다 복용 시 갑상선암 발생률을 높일 수 있다고 하니 참고하세요.

저도 어릴 때 우유를 마시면 배앓이를 하곤 했습니다. 이는 체내에 유당을 분해하는 락타아제가 부족하기 때문입니다. 동양인은 서양인보다 이 효소가 적기 때문에 우유를 마시면 유당불내증으로 배가 더부룩하고 심하면 설사를 하기도 합니다. 한국인의 4명 중 3명은 이 질환을 앓고 있다고 합니다. 카페인 약자를 위해 디카페인 커피가 있는 것처럼 다행히 우유에도 유당을 제거한 락토프리 제품이 있습니다. 이와는 별도로 식물성 제품인 두유, 귀리 우유를 제공하는 카페가 늘고 있죠.

생우유는 냉장 식품이라 상온에 보관하면 하루도 안 돼 상합니다. 특히 여름에는 몇 시간 만에도 변질하니 주의해야 하죠. 손님이 몰리는 시간이 아니면 평소 우유를 냉장고에 보관했다가 필요시마다 꺼내 사용하고 다시 냉장고에 넣는 습관을 기르는 것이 좋습니다. 간혹 편의성 때문에 종이 팩 우유를 플라스틱 통에 따라서 쓰는 분들이 있는데요. 이건 굉장히 위험하고 잘못된 행동입니다. 2가지 면에서 문제가 있어요. 첫째, 우유 팩에는 유통기한이 표시돼 있는데 플라스틱 통에 담으면 언제까지 써야 하는 우유인지 알 길이 없다는 점입니다. 식품위생법상 강력하게 금지하고 있어 위생 검사 시 적발되면 영업정지 등 행정처분을 받을 수 있으니 주의해야 합니다. 둘째, 플라스틱 통에는 유통기한 표시가 없어 날짜가 지난 우유가 섞여도 알 길이 없다는 것입니다. 식품위생법을 떠나 손님의 건강을 위해 각별히 신경 써야 합니다.

최근 들어 대형 프랜차이즈와 일부 유명 카페를 중심으로 손님의 우유 선택권이 넓어지고 있습니다. 외국에서는 오래전부터 우유 러버와 약자를 위해 다양한 우유를 갖추는 카페들이 있었는데요. 국내도 몇 년이 지나면 디카페인 원두를 구비한 카페가 늘어나는 것 이상으로 우유의 선택권도 넓어질 것으로 보입니다. 카페 창업을 준비 중이라면 락토프리 제품이나 대체 우유 하나 정도는 메뉴판에 준비하면 어떨까요.

24 빵은 어떻게 할까, 반죽 vs. 생지 vs. 완제품

예전에는 하루 세 끼 밥을 먹는 것이 국룰이었습니다. 요즘은 하루에 한 끼 밥을 먹을까 말까 할 정도죠. 저 역시도 아침은 빵과 커피로 시작합니다. 점심은 닭가슴살과 과일, 저녁은 집에 가면 밥을 먹지만 야근을 하거나 밖에 있으면 밥이 아닌 샌드위치 등 간편식으로 마무리합니다. 비단 저뿐만이 아닙니다. 제 주변 그리고 사회 전반적으로 쌀 소비가 줄어들고 있으며, 점차 빵과 과일 그리고 샐러드 등을 선호하는 식문화로 변하고 있습니다.

제가 커피 하기를 참 잘했다고 생각할 때가 있습니다. 다름 아닌 구대회커피 연구실이자 제 사무실인 커피랩으로 출근한 뒤 직접 볶은 원두로 내린 맛있는 커피로 아침을 시작할 때입니다. 크로플이나 마들렌 등을 곁들이면 훌륭한 식사가 됩니다. 가볍게 빵과 커피로 아침을 먹으면서 일과를 확인하고 준비하는 시간은 소소하지만 확실한 행복인데요. 아마 대부분 직장인도 비슷하게 아침을 시작할 것입니다. 그만큼 빵과 커피는 궁합이 잘 맞는 사이입니다.

혹시 빵과 과자의 차이를 아시나요? 왠지 빵은 외관상 부드럽고 부풀어 있을 것 같고, 과자는 딱딱하고 압축된 형태를 띨 것 같은 편견을 주지만, 이렇게 구분하는 것은 아니고요. 팽창시키는 재료가 무엇이냐에 따라 빵과 과자를 구분합니다. 빵은 살아 있는 미생물인 이스트(Yeast)를 넣어 반죽을 팽창시키고 과자는 반죽에 베이킹파우더나 소다 등을 사용하는데, 팽창시키는 재료가 무엇이냐에 따라 팽창법을 구분합니다. 소다 등은 화학적, 달걀은 물리적, 유지류는 유지 팽창법이라 하는데요. 설탕의 양에 따라 빵과 과자를 구분하기도 합니다. 빵이 과자보다는 설탕이 적게 들어갑니다. 과자를 많이 먹으면 건강에 좋지 않은 이유이기도 합니다. 마지막으로 사용하는 밀가루의 종류에 따라 구분합니다. 빵은 글루텐 함량이 높아 찰기가 많은 강력밀가루를 사용하고, 과자는 찰기가 적은 박력밀가루를 사용합니다.

카페에서 빵과 과자를 취급한다면 직접 반죽을 할 것인가 또는 생지를 받아 구울 것인가 아니면 완제품을 받아 판매할 것인가를 결정해야 합니다. 제과·제빵을 제대로 배웠다면 아무 문제가 없겠지만, 그렇지 않은 사람들은 정말 고민이 많을 거예요. 생지를 받아 구울 생각이라면 적어도 제과·제빵의 기본은 알아야 합니다. 저희 카페 중 일부 점포에서는 마들렌과 쿠키는 직접 반죽하고 크로플은 생지를 받아 구워서 판매하는데 빵 장인처럼 잘하지는 못하지만 제법 먹을 만합니다. 베이킹에 대해 아는 직원이 반죽하고 나머지 직원은 구워내면 되기 때문에 모든 직원이 베이킹에 대한 전문지식을 가질 필요는 없습니다.

요즘은 완제품 빵과 과자 등 디저트도 보기 좋고 맛있게 잘 나옵니다. 신선도만 유지된다면 직접 만드는 것에 비해 절대 뒤지지 않아요. 베이킹은 재료비와 만드는 데 걸리는 시간과 공임을 고려하면 완제품을 받아서 쓰는 것이 이익 측면에서는 더 나을 수도 있습니다. 정성을 들여 어설프게 만드는 것보다 카페 공간과 커피 메뉴를 감안해 잘 어울리는 완제품을 받는 것이 더 나을 수도 있으니 고려하세요.

앞서 언급했지만, 본인이 어느 정도 베이킹에 대한 지식과 경험이 있다면 종류에 따라 직접 반죽을 할 것은 하고 나머지는 생지를 받아 굽는 것도 나쁘지 않습니다. 거의 매일 양질의 수입 생지를 냉동으로 받을 수 있어 시간을 절약할 수 있을 뿐만 아니라 맛과 외관상으로도 경쟁력이 있어요. 요즘은 전문 파티시에도 제과·제빵을 할 때 모두 반죽을 하는 것이 아니라 일부는 생지를 쓰기도 합니다.

카페를 하려면 베이킹은 필수인가에 대한 제 대답은 사실 중립적입니다. 저 역시도 본점은 베이킹을 하다가 메뉴에서 뺐는데요. 왜냐하면 본점 손님 대부분이 커피를 투고하는 분들이라 시간적 여유가 없습니다. 만약 앞 손님이 크로플이라도 주문했다면 그것을 굽느라 다른 손님을 대응할 시간이 부족해집니다. 물론 직원이 여러 명이라면 문제가 되지 않지만 혼자 근무할 때는 답이 안 나옵니다. 결국 과감하게 메뉴에서 크로플을 뺐는데요. 결과는 어땠을까요? 일부 손님들이 아쉬워했지만, 매출 차이는 없었습니다. 오히려 크로플 재료비를 아꼈다고 할까요.

결론적으로 말하면 빵과 과자는 카페의 형편과 상황에 맞게 선택하라는 것입니다. 필수는 아니라는 것이죠. 꼭 반죽을 해야 하는 것은 아니니 생지를 받아 굽거나 완제품을 판매하면 됩니다.

25 주요 거래처의 중요성과 관리 방법

카페를 운영하려면 원두부터 테이크아웃 일회용 컵까지 적게는 수십에서, 많게는 수백 가지의 원·부재료가 필요합니다. 일주일에 1~2번 주문해야 하는 것부터 1년에 1번 정도면 되는 품목도 있는데요. 원두를 납품하는 곳이라면 매입처뿐만 아니라 매출처도 있습니다. 거래처를 오랫동안 유지하려면 어떻게 해야 할까요? 자주 있는 일은 아니지만, 전기와 수도, 그리고 에스프레소 머신 등에 문제가 생기면 즉각적으로 해결할 수 있도록 평소 거래처와 관계를 잘 쌓아야 하는데요. 어떻게 하면 좋은 거래처를 구하고 관리할 수 있을까요?

지난 13년 동안 로스터리 카페를 하면서 매입 때문에 고생을 한 경험이 몇 번 있습니다. 그 가운데 가장 기억에 남는 것은 넉넉한 재고 관리를 못 한 탓도 있지만 생두가 떨어져 당황했던 것입니다. 제 경우 생두는 매주 혹은 격주 단위로 주문합니다. 마침 거래처에서 원두 대량 주문이 들어와 평소보다 생두를 많이 볶으면서 생두의 재고 부족 문제에 직면했는데요. 설상가상으로 매입처에서도 하필이면 그 생두가 재고 부족으로 공급이 어렵다는 겁니다. 주문은 받았지, 볶을 생두는 없지 정말 속이 타들어 갔습니다. 지인을 통해 새로운 거래처를 소개받아 자초지종을 설명하고 다음 날 필요한 생두를 이상 없이 받을 수 있었습니다.

그 사건을 겪은 이후로는 생두를 두 업체에서 산지별로 나눠 받고 있습니다. 생두 단가를 좋게 받으려면 한 업체에서 받는 것이 유리하지만 만약 생두 수급에 문제가 생기면 곤란한 상황에 직면하기 때문에 생두는 예외적으로 두 업체를 거래하고 있습니다. 그렇다고 생두를 여러 업체에서 받으면 상대방도 나를 주요 거래처로 생각하지 않아 어려울 때 좋은 단가와 도움을 받기 어렵습니다.

한번은 홀더 인쇄 주문을 넣었는데 평소보다 2주 이상 늦어져 마음을 졸인 적이 있었습니다. 무지 홀더를 쓰면 그만이지 생각하겠지만 매장이 여러 개 있는 상황에서는 이미지상 그러기가 쉽지 않고 그래서도 안 됩니다. 알고 보니 거래처에서 아예 주문을 넣지 않은 것이었습니다. 더 큰 문제는 그 일을 사실대로 말하지 않았다는 것이었는데요. 결국 새 거래처를 찾아 급하게 주문을 넣고 급행료를 조금 더 지불하고 1주일 만에 문제를 해결할 수 있었습니다.

매입처를 선택하는 제 나름대로의 5가지 원칙이 있습니다. 신속한 대응, 적시성, 정확성, 솔직함, 진정성이 그것입니다. 신속한 대응과 적시성은 비슷한 것 같지만 차이가 있어요. 전자는 문제의 접수부터 파악까지를 말하는 것이고, 후자는 주문받은 물품을 기한 내 공급하거나 문제를 해결하는 것을 의미합니다. 정확성은 주문한 물건의 품목과 수량을 누락 없이 공급하는 것을 말하는데요. 1~2번은 그럴 수 있다지만 시도 때도 없이 이런 문제가 발생하면 믿고 맡기기가 곤란합니다. 솔직함과 진정성 역시 유사하면서 전혀 다릅니다. 전자가 거짓 없음을 말하는 것이라면, 후자는 거래처를 규모나 주문량으로만 평가하지 않고 매사 정성을 다하는 것을 뜻합니다.

저 역시 매출처가 있기에 그 마음을 잘 압니다. 그들 역시 왜 잘하고 싶지 않겠어요. 대부분은 실수로 못 하거나 상황이 여의치 않아서 대응을 못 하는 것입니다. 매출처를 대하는 자세는 매출처에 바라는 것 5가지를 동일하게 적용할 수 있어요. 저를 매입처로 삼고 있는 업체 역시 저에게 서운한 감정을 가지는 분들도 있었을 것이라 생각합니다. 그래서 업체를 바꾼 분들도 있을 테고요. 원두를 납품받는 업체로서는 제가 생두를 받았을 때 느끼는 감정과 같을 것입니다. 카페를 하는 데 있어 가장 중요한 품목이고 그래서 가장 많이 신경이 쓰이는 것이니까요.

마지막으로 거래처를 관리하는 원칙을 공유할까 합니다. 매입처에서 가장 꺼리는 업체는 결제를 늦게 해주는 곳입니다. 물건이나 서비스를 받고 결제를 차일피일 미루면 그 거래처에 대한 이미지는 나쁘게 각인됩니다. 저는 매입 즉시 결제를 하거나 때에 따라 월말 또는 기한 내에 결제하는 것을 원칙으로 합니다. 이것만큼은 지난 13년 동안 단 한 번도 예외 없이 지켰습니다. 그리고 제품에 하자가 있거나 수량이 맞지 않는 경우를 제외하고는 매입처를 귀찮게 하지 않습니다. 이상의 2가지만 잘 지켜도 매입처 입장에서는 오래도록 함께 거래하고 싶은 매출처로 기억될 것입니다.

CAFE BOOK

3막

어떻게 카페를 운영해야 할까

15년 전 멀쩡히 다니던 직장을 그만두고
커피를 업으로 삼아야겠다고 마음먹었습니다.
당시만 해도 커피를 사업으로 키워야겠다는 생각은
하지 않았어요. 동네에 작은 카페 하나 하면서
일상에서 주는 작은 행복에 감사하며 살고자 했습니다.
2010년 카페를 열고 그 속에서
사람들을 만나고 이야기를 나누다 보니
어느새 제 마음에 또 다른 목표가
꿈틀거리고 있었습니다.

1장 재료 관리와 직원 관리

01 원·부재료 관리는 어떻게 할까

우리가 흔히 쓰는 말 중 주먹구구라는 단어가 있습니다. 정확하게 계산하지 않고 어림짐작으로 대충 계산하는 것을 이르는 말인데요. 우리 일상이 어찌 보면 주먹구구식이 아닌가 합니다. 그냥 닥치는 대로 혹은 그때그때 필요에 따라 하는 경우가 많죠. 그러나 카페를 하기로 했다면, 그 안에서 이루어지는 모든 것을 규모 있게, 그리고 정확하게 해야 합니다. 원·부재료 관리도 마찬가지입니다. 제가 사용하고 있는 원·부재료 리스트를 예로 설명하겠습니다.

원·부재료는 크게 파우더, 시럽, 스무디, 소스, 설탕, 핸드드립, 냉동과육, 냉장과육, 에이드, 유제품, 테이크아웃, 빨대, 굿즈, 책, 병/RTD, 티, 기타로 구분합니다. 그다음 세부 품목이 있고, 단위 그리고 최소 수량 등이 들어갑니다. 매주 월요일과 목요일에 재고 조사를 하고 최소 수량 미만이 되는 원·부재료를 주문하는데요. 내용은 각 카페에서 제공하는 메뉴에 따라 달라질 수 있습니다. 특히 품목에 원두는 없습니다. 저희는 평소 40kg 정도를 항상 유지하도록 관리하기 때문에 품목에서 제

본점 원·부재료 재고 리스트

매주 월, 목 오전 중 파악

구분	원·부재료명	단위	최소 수량	수량 (월,목)			
파우더	초코파우더	1	4				
	녹차파우더	1	4				
	시나몬파우더	1	2				
	요거트파우더	1	5				
시럽	설탕시럽	1	4				
	펌프(설탕)	1	1				
	바닐라시럽	1	4				
	펌프(바닐라)	1	2				
스무디	딸기	1	2				
	블루베리	1	2				
	청포도	1	2				
소스 등	초코소스	1	2				
	캐러멜소스	1	2				
	허니	1	2				
	흑당소스	1	2				
설탕	갈색설탕(밀크티,15kg)	1	0.3	전체 1/3일 때 보고			
	백설탕(스틱,3g)	10	4				
핸드드립	필터(1~2인용)	1	5				
	필터(3~4인용)	1	5				
	서버(1~2인용)	1	2				
	서버(3~4인용)	1	2				
	드립퍼(1~2인용)	1	4				
	드립퍼(3~4인용)	1	4				
	핸드밀	1	2				
	드립포트	1	2				
냉동과육	냉동딸기	1	1				
	냉동블루베리	1	1				
냉장과육	과육 그대로(딸기)	1	8				
	과육 그대로(망고)	1	8				
에이드	레몬청	1	1				
	탄산수	1	20				
유제품	아이스크림 믹스	1	6				
	휘핑기(매일,다회용)	1	1				

테이크아웃	종이컵(흰색,5oz)	50		현재 재고 파악			
	종이컵(흰색,8oz)	50	6				
테이크아웃	리드(종이컵용,검정,8oz)	100	3				
	페트컵(9oz,아포카토)	50	5				
	종이컵(흰색,10oz)	50	10				
	리드(종이컵용,흰색,10oz)	100	5				
	종이컵(흰색,16oz)	50	6				
	리드(종이컵용,흰색,16oz)	100	3				
	페트컵(14oz)	50	10				
	리드(페트컵용,14oz)	50	10				
	페트컵(20oz)	50	5				
	리드(페트컵용,20oz)	50	5				
	캐리어(2구)	25	5				
	홀더(레귤러)	1,000	6				
	홀더(라지)	1,000	2				
빨대	핫스틱(초코,18cm)	1,000	1				
	아이스크림라테 빨대	500	1				
	빨대(검정,포장,보통)	500	3				
	빨대(투명,포장,굵은 것)	500	2				
굿즈	쇼핑백(노랑)	1		현재 재고 파악			
	더치봉투(소,1입)	1		현재 재고 파악			
	머그컵(노랑)	1		현재 재고 파악			
책	커피집을 하시겠습니까	1	5				
	인생커피	1	5				
	커피의 본질	1	10				
	구쌤의 커피수업	1	10				
병/RTD	500ml(병)	1	20				
	1000ml(PET)	1	20				
	300ml(PET)	1	30				
티	로네펠트(페퍼민트)	25	3				
	로네펠트(얼그레이)	25	3				
	로네펠트(카모마일)	25	3				
기타	냅킨(펄프)	500	5				
	스틱설탕	100	2				
	아이스크림스푼	1,000	1				
	재활용봉투(투명,60리터)	50	1				

* 재고는 개봉하지 않은 포장 상태를 의미함.

외했습니다.

무엇보다 중요한 것은 원·부재료가 떨어져서 곤란한 일을 겪지 않는 것입니다. 재료가 소진되기 전에 미리 주문하고 확보해야 하는데 재고가 적어서도 안 되고, 그렇다고 재고가 지나치게 넉넉하면 유통기한이 지나 사용하지 못하는 원·부재료도 있어 좋지 못합니다. 품목별로 사용량과 주기가 달라서 사전에 최소 수량이 얼마만큼 있어야 하는지 파악하는 것이 중요합니다. 제가 관리하기 편하게 작성한 것이라 절대적인 것은 되지 못합니다. 원·부재료 재고 리스트는 가볍게 참고만 하고, 여러분이 처한 환경과 형편에 맞게 새로 만든 후 현장에서 활용하기를 바랍니다.

1장 02 매장 시설물을 어떻게 관리할까

비록 10평도 안 되는 작은 카페라도 적게는 수십 가지, 많게는 100가지가 넘는 시설물이 있습니다. 매장 시설물 관리에는 누전과 누수처럼 매장 운영에 치명적인 것부터 조명의 소등처럼 단순하지만, 꼭 챙겨야 하는 것이 있는데요. 근무는 물론이고 퇴근 시 시설물을 점검하지 않으면 호미로 막을 것을 가래로도 감당하지 못하는 상황에 이르게 됩니다. 그래서 시설물 체크리스트를 만들어두면 굉장히 단순하고 반복적이라 큰 어려움 없이 매장 시설물을 관리할 수 있어 도움이 됩니다. 구대회커피 본점 시설물 체크리스트를 예로 설명하겠습니다.

시설물은 크게 내/외부와 창고/휴게실로 구분합니다. 내/외부에는 내부의 주요 카페 용품 및 간판과 조명으로 구성되는데요. 주로 전원이나 잠금장치의 상태를 점검하는 것입니다. 그 가운데는 제빙기의 전원 상태처럼 여름철 영업에 필수적인 것도 있고요. 환풍기의 전원처럼 중요하지는 않으나, 불필요한 전기 낭비를 줄이기 위해 확인해야 하는 시설물도 있습니다. 중요도에 있어서는 순서를 매길 수 있으나, 어느 것 하나도 간과할 수 없는 시설물인 것이죠. 단순히 전원이나 잠금장치를 점검하는 것이 아니라 고장 유무까지 확인하는 것입니다.

제가 가장 경계하는 것은 기계적으로 아무 의심 없이 시설물 체크를 하는 것입니다. 사장이 하라고 하니까 어쩔 수 없이 동그라미만 그려 넣는 것은 아무 의미도 없을뿐더러 시간과 종이 낭비일 뿐입니다. 항상 시설물의 상태를 눈으로 확인하고 이상이 발견되면 어떤 문제인지 파악해야 합니다. 그리고 급한 것은 언제든 관리자에게 연락해 신속하게 해결되도록 해야 합니다. 그렇지 않으면 시설물 관리를 하는 의미가 없습니다. 카페마다 처한 환경과 시설물의 종류가 다르니 자신만의 시설물 체크리스트를 만들어 사용하기를 바랍니다.

본점 시설물 체크리스트

2022년 월

구분	품목	내용(퇴근)	일	일	일	일	일	일	일
내/외부	간판,조명(외부)	OFF							
	조명(내부)	OFF							
	포스	OFF							
	포스프린터	ON							
	제빙기50(우)	ON							
	제빙기50(좌)	ON							
	창문(측면)	CLOSE							
	에소 머신	ON							
	그라인더(인생)	OFF							
	그라인더(발효)	OFF							
	그라인더(하우스)	OFF							
	그라인더(케)	OFF							
	그라인더(과)	OFF							
	그라인더(디카프)	ON							
	그라인더(드립용)	OFF							
	TV	OFF							
	냉온수디스펜서	OFF							
	아이스크림 머신 믹스 양	적정량							
	수도	CLOSE							
	오디오	OFF							
	QR스마트폰충전	PLUG OUT							
	냉난방기	OFF							
	선풍기(벽2대)	OFF							
	메뉴판	OFF							
	장식장(조명)	OFF							
	팬(환풍기)	OFF							
창고/휴게실	조명	OFF							
	팬(환풍기)	OFF							
	창문(좌,우)	CLOSE							
	출입문(뒷문)	CLOSE							
인계내용 (파손,고장, 현금 등)	일	제로페이:			원				
	일	제로페이:			원				
	일	제로페이:			원				
	일	제로페이:			원				
	일	제로페이:			원				
	일	제로페이:			원				
	일	제로페이:			원				
	점검책임자								

* 제빙기 분해 청소(1회/매주/일), 아이스크림 청소(1회/격주), 머신 그룹헤드 분해 청소(수, 일)
* 냉난방기 필터 청소(1회/매주/수), 화장실 청소(월, 목), 매장 주변 청소(매일)
* 테이블 냉장고 필터 청소(1회/격주), 마감 시 꿀을 제외한 소스, 스무디 냉장 보관(매일)

1장 03 근무 수칙을 만들자

일반 사업체도 그렇지만 카페에서 직원을 채용할 때 항상 언급되는 조건이 있습니다. 용모 단정하고 성실한 사람입니다. 외모와 옷을 깔끔하게 유지하고, 출근 시간을 잘 지키며, 근무시간에 맡은 바 책무를 다하는 직원을 바라는 것입니다. 카페에서 직원을 뽑았으면 매장 내에서 지켜야 할 근무 수칙을 정하고 실천하도록 요구해야 합니다. 만약 근무 수칙이 없으면 매번 구두로만 말해야 하므로 번거로운 것은 둘째 치고 내용이 정확하게 전달되지 않습니다. 구대회커피 상수래미안점의 매장 내 근무 수칙을 첨부합니다. 점주는 물론이고 직원 모두 여자라는 점을 참고하고 보세요.

이 매장의 근무 수칙은 복장, 개점 준비, 주문받는 법, 매장 청소로 구성됩니다. 복장에는 코로나 시국이라 마스크 착용을 강조하고 있습니다. 더불어 지급한 근무복과 앞치마를 청결하게 관리할 것을 주문합니다. 근무 시 개인 휴대전화의 사용을 금지하고 있으며, 핸드크림은 무향이나 향이 약한 것을 사용하도록 요구하는데요. 바리스타의 손에서 진한 화장품 향이 나면 음료의 컵에도 그 향이 묻어나기 때문에 주의해야 합니다. 주문받는 법에서 강조하는 것은 인사와 원두에 대한 설명, 그리고 주문 내용을 확인하는 것입니다. 간혹 주문이 잘못 들어가 손님과 마찰이 있기 때문입니다. 주문받은 후 꼭 내용을 확인시켜주는 것이 좋습니다.

아무리 그럴듯하게 잘 만든 근무 수칙이라도 지켜지지 않는다면 무용지물입니다. 적어도 하루에 1번은 근무 수칙을 읽고 숙지하는 것이 필요합니다. 매니저가 있다면 스스로는 물론이고 직원들이 근무 수칙을 잘 준수하고 있는지 매일 확인해야 합니다. 그리고 근무 수칙은 큰 거울이나 거울 옆에 붙여 놓으면 애써 찾아보지 않아도 자연스럽게 눈에 띄기 때문에 효과적입니다. 직원의 성별과 근무 환경에 맞게 근무 수칙을 만들어 지킨다면 누가 보더라도 규모 있게 운영되는 카페라는 인상을 줄 수 있을 것입니다. 꼭 한번 실천해보세요.

카페 근무 수칙

구대회커피 상수래미안점

1. 근무자 복장 및 준수 사항

1) 근무 중 출근자는 10분 전에 매장에 도착해 근무를 준비합니다.
2) 근무 시 항상 마스크를 착용합니다.
3) 지급된 셔츠와 앞치마를 입고 청결하게 관리합니다.
4) 머리는 단정하게 묶고 뒷머리는 머리망으로 정리합니다.
5) 근무 시 개인 휴대전화를 사용하지 않습니다.
6) 손을 청결하게 관리하고 향이 진한 핸드크림은 사용하지 않습니다.

2. 개점 준비

1) 개점 근무자는 영업시간 15분 전까지 출근해 개점을 준비합니다.
2) 출근 후 출입문을 닫고 검은색 사인월 스위치 4개를 모두 켭니다.
3) 바 안으로 들어와 제빙기 스위치를 끄고, 크로플기 플러그를 꽂은 후 예열 스위치를 켭니다.
4) 냉온수기, 메인 그라인더, 포스, 오디오, 서브 그라인더 스위치를 켭니다.
5) 행주 등을 물빨래를 한 후 각자의 위치에 놓습니다.
6) 근무복으로 환복을 한 후 근무 준비를 마칩니다.
7) 7시 55분이 되면 출입문을 열고 손님을 받습니다.

3. 주문받는 법

1) 손님이 들어오면 밝고 명랑하게 "안녕하세요"라고 인사를 합니다.
2) 음료를 주문하면 사이즈는 보통 또는 큰 것으로 할 것인지 물어봅니다.
3) 원두는 하우스, 케냐, 과테말라, 인생, 디카페인 중에 어떤 것으로 할 것인지 물어봅니다.
4) 주문을 받은 후 주문 사항을 다시 한 번 확인합니다.
5) "잠시만 기다리세요"라고 말한 후 음료를 제조합니다.

6) 음료가 준비되면 “주문하신 음료 준비됐습니다”라고 말합니다.

7) 손님이 출입문을 나서기 전 “안녕히 가세요”라고 인사합니다.

4. 매장 청소

1) 실내 바닥은 실내 빗자루와 마대를 사용해 청소합니다.

2) 핸디 진공 청소기는 바 위쪽을 청소할 때만 사용합니다.

3) 비나 눈 등으로 실내 바닥이 오염될 시 마대로 닦습니다.

4) 출입문과 창문이 오염될 시 수시로 닦습니다.

5. 카페 머신 관리

1) 에스프레소 머신

- 머신의 외부가 오염될 시 전용 행주로 닦고 물 얼룩이 남지 않도록 합니다.
- 스팀 행주는 그릴 우편에 올려놓고 사용하고, 2시간에 1번씩 세척합니다.
- 추출 후 반드시 포터필터 내의 커피케이크를 비우고 물 흘리기 버튼을 누릅니다.
- 영업 시 포터필터는 항상 그룹에 장착해놓고 여분의 포터필터는 물기와 커피 얼룩을 제거한 후 머신 위에 놓습니다.
- 매일 마감 시 약품 청소를 합니다.
- 3일에 1번 그룹에서 샤워 홀더와 샤워 스크린을 분리한 후 커피 기름과 때를 제거합니다.
- 매일 마감 시 머신에서 드립 트레이와 그릴을 분리한 후 세척합니다.

2) 그라인더

- 메인 그라인더는 개점 시 1잔을 추출해 본인이 마시거나 버립니다.
- 케냐와 과테말라 그라인더는 개점 후 첫 손님 주문 시 소량 분쇄하고 버린 후 사용합니다.
- 인생과 디카페인은 바로 사용하면 됩니다.
- 항상 그라인더 주변을 청결하게 유지합니다.

1장
04

근무표는 어떻게 짤까

1인 카페를 한다면 필요 없는 고민이지만, 직원을 1명이라도 고용한다면 직원 근무표를 만들어야 합니다. 직원이 늘어날수록 그 어려움은 배가되는데요. 단순히 근무표를 짜는 것 자체는 어렵지 않으나, 직원 각자의 의사를 반영해 만드는 게 상당히 까다롭습니다. 저는 매니저에게 매월 근무표를 만들 것을 지시했었는데 매니저 역시 근무표 짜는 것을 근무하는 것보다 더 어려워했습니다. 근무표라는 게 누군가를 만족시키면 반대로 누군가는 불만이 생기기 마련이라 참 난감하기도 합니다.

저는 일단 그 달의 근무표가 나오면 어지간해서는 근무 날짜를 흔들지 않습니다. 직원이 갑자기 아프거나 집에 큰일이 생기지 않는 한 근무표를 지키도록 하는데요. 사장의 개인적인 용무로 1~2일 전에 직원의 근무 날짜를 바꾸는 것도 안 됩니다. 해당 직원에게 선약이 있을 수도 있고 그렇지 않더라도 개인적인 용무를 보는 데 방해가 됩니다. 무엇보다 감정이 상할 수 있습니다. 자기를 무시한다는 인상을 받을 수 있거든요. 꼭 바꿔야 한다면 직원을 조용히 불러서 근무 변경이 가능한지 물어 봐야 합니다.

근무표를 짤 때 항상 고려하는 것은 직원들의 개인적인 사정입니다. 가족이 아파서 특정일에 병간호해야 하는 일도 있을 수 있고요. 꼭 다녀야 하는 어학원이나 자격증 학원의 특정한 수업일이 있기 때문입니다. 모든 직원의 사정을 다 봐줄 수는 없지만, 근무표를 짤 때 넌지시 물어보는 것이 직원에 대한 배려입니다. 임의로 근무를 짜서 일방적으로 통보하는 것보다는 직원의 사기를 높이는데 작지만 분명하게 도움이 됩니다. 근무표를 만드는 것보다 그것을 잘 지키는 것이 무엇보다 중요하겠죠. 이것은 사장 한 사람의 노력으로 되는 것이 아니라 직원들의 자발적인 참여와 협조로 가능합니다.

2022년 4월 근무표_본점

매주 월, 목 오전 중 파악

일정	요일	근무시간	성명	시간	비고
4월1일	금	07:30~	구대회		
		07:30~18:00	김 0 0	8	
4월2일	토	9:00~	구대회		
		07:30~18:00	김 0 0	8	
4월3일	일	9:00~	구대회		
		09:00~18:00	유 0 0	8	
4월4일	월	07:30~	구대회		
		09:00~18:00	유 0 0	8	
4월5일	화	07:30~16:30	유 0 0	8	
		09:00~18:00	김 0 0	8	
4월6일	수	07:30~16:30	유 0 0	8	
		09:00~18:00	김 0 0	8	
4월7일	목	07:30~16:30	유 0 0	8	
		09:00~18:00	김 0 0	8	
4월8일	금	07:30~	구대회		
		09:00~18:00	김 0 0	8	
4월9일	토	9:00~	구대회		
		09:00~18:00	김 0 0	8	
4월10일	일	09:00~18:00	유 0 0	8	
		09:00~18:00	김 0 0	8	
4월11일	월	07:30~	구대회		
		09:00~18:00	유 0 0	8	
4월12일	화	07:30~	구대회		
		09:00~18:00	유 0 0	8	
4월13일	수	07:30~16:30	유 0 0	8	
		09:00~18:00	김 0 0	8	
4월14일	목	07:30~16:30	유 0 0	8	
		09:00~18:00	김 0 0	8	
4월15일	금	07:30~	구대회		
		09:00~18:00	김 0 0	8	
4월16일	토	9:00~	구대회		
		09:00~18:00	김 0 0	8	
이하 중략					
계					

＊유 0 0 : 휴무(금,토), 마감(일,월)

＊김 0 0 : 휴무(일,월), 마감(화,수,목,금,토)

2장 카페 정착기, 다지기, 성장하기

01 카페를 어떻게 알릴까

기업은 새로운 상품을 출시했을 때 혹은 자사의 이미지 제고를 위해 방송, 신문, 잡지, 인터넷 등에 광고를 합니다. 요즘은 유튜브와 인스타그램을 적극적으로 활용하고 있는데요. 자사 계정으로 홍보하기도 하지만, 인플루언서에게 비용을 지불하고 광고인 듯 아닌 듯 기업과 제품을 알리는 것이 홍보의 중요한 한 축으로 자리 잡았습니다.

그렇다면 개인 카페는 어떻게 홍보해야 할까요? 불과 몇 년 전까지만 해도 네이버 검색으로 광고를 하는 것이 대세였습니다. 검색에 노출되는 순위와 클릭당 얼마씩 계약하고 순위와 클릭 수에 비례해 광고비를 지급하는 방식이었는데요. 쇼핑몰을 알리는 데는 지금도 효과적이지만 카페를 홍보하는 데는 적합하지 않습니다. 더욱이 요즘은 네이버 검색으로 카페 맛집을 찾기보다 인스타그램이나 유튜브를 보고 이미 갈 곳을 정해놓고 위치를 확인하기 위해 네이버 검색을 활용합니다.

카페를 알리는 방식은 크게 2가지입니다. 본인이 열심히 인스타그램을 하고 유튜브에 영상을 올리거나, 손님들이 입소문과 맛집 후기로 인터넷에 올리는 것입니다. 전자의 특징은 내 입맛에 맞게 정보를 만들고 편집하고 무한대로 올릴 수 있다는 것입니다. 후자는 대행업체나 인플루언서에게 비용을 지급하지 않는 한 개입이 절대 불가능하다는 것인데요. 팔로워 수가 수천에서 수만이 되는 일부를 제외하고 자기 계정의 효과는 실제 미미한 편입니다. 특히 처음 카페를 열고 난 이후에는 비용을 쓰거나 입소문이 나서 홍보가 되는 수밖에 없다는 결론이 나오는데 정말 효과적인 대안일까요?

정답은 지금 잘되는 카페를 보면 금세 나옵니다. 그들이 어떻게 카페를 알리고 있는지 눈치채셨나요? 네, 맞습니다. 그들은 카페를 알리는 데 돈을 쓰지 않습니다. 그럼 어떻게 소문이 나고 사람들이 찾는 카페가 됐을까요? 우리가 지금 당장 할 일은 카페에 대한 기본적인 정보가 담긴 SNS 계정을 만들고 새로운 제품이나 계절이 바뀔 때마다 피드(Feed)하는 것입니다. 당장은 효과를 바라지 말고 꾸준히 하세요. 포털에는 카페의 위치와 메뉴와 가격표 그리고 제품 사진부터 올려야 합니다.

이제부터 본격적으로 카페를 홍보할 일이 남았습니다. 커피 맛에 더 신경을 쓰고, 계절이 바뀔 때마다 새로운 메뉴를 출시하고, 카페를 찾는 손님에게 정성을 다하세요. 커피가 맛있고 메뉴 선택권이 있으면서 손님에게 잘하는데 소문이 안 날까요? 카페를 홍보하는 가장 좋은 방법은 이렇게 어렵습니다. 이 어려운 일을 지금 잘되는 카페는 해낸 것이죠. 공부에 왕도가 없듯이 성공하는 카페를 만드는 지름길도 없습니다. 합리적인 가격에 맛있는 커피를 제공하고 손님에게 친절히 대하면 그 카페는 세상에 알려집니다. 여러분이 숨으려고 해도 SNS에서 가만히 놔두지 않을 거예요.

어쩌면 우리는 가야 할 길을 알고 있으면서 쉬운 길을 찾고 있는 것이 아닌가 합니다. 효과적인 방법이라 하지만 결국은 덜 노력하고 편한 방법에 귀가 솔깃한 것이 본능이고 인지상정이잖아요. 저 역시 카페를 알리는 일은 거의 하지 않고 있습니다. 누리집에 메뉴, 쇼핑몰, 강의 요청, 매장 위치, Q&A를 제공하고 바뀌는 정보가 있으면 업데이트하는 정도죠. 페이스북은 하지 않고 인스타그램은 비공개로 돼 있습니다. 사실 과거에는 블로그, 페이스북, 인스타그램을 굉장히 열심히 했는데, 별로 도움이 되지 않았습니다. 오히려 댓글에 신경 쓰고 무엇을 올릴까 고민하느라 많은 시간을 보냈죠. 그 시간에 커피에 더 집중하는 게 낫겠다 싶어 생각을 바꿨습니다.

사람의 마음을 훔치는 것이 한국은행의 금고를 여는 것보다 힘들다는 것 아시나요? 그리고 그 마음은 언제든 바뀔 수 있습니다. "손님의 한 발은 카페 안에, 나머지 한 발은 밖에 있다"는 말이 있습니다. 돈과 시간을 들여 카페를 알릴 수는 있겠지만, 정작 커피와 손님을 대하는 서비스가 부족하다면 나쁜 소문만 더 빨리 퍼질 수 있을 것입니다. '페스티나 렌테(Festina lente)'는 라틴어로 '천천히 서두르라' 혹은 '급할수록 돌아가라'라는 뜻인데요. 이제 카페를 시작하고 알리고 싶은 분들에게 드리고 싶은 말입니다.

2장
02

프로모션은 언제 어떻게 해야 하나

카페 오픈을 하거나 계절이 바뀔 때 혹은 판매 촉진을 위해 프로모션 행사를 합니다. 대개 내용은 카페마다 크게 다르지 않아서 아메리카노 1+1, 사이즈 업그레이드 무료, 특정 메뉴를 몇 개 이상 구매하면 주는 사은품 등입니다. 카페 역시 개업을 할 때 판매가 많이 늘어납니다. 즉, 개업 후 1~2달은 손님이 많이 몰리는 것을 말하는데요. 카페가 새로 생겼으니 커피 맛은 어떤지, 누가 카페 사장인지, 분위기는 또 어떤지 궁금해서 그 지역 사람들이 한번은 가보기 때문에 나타나는 현상입니다.

프로모션 시기에 대해 잘못된 편견이 있다는 것 알고 계시나요? 그 가운데 하나는 카페 매출이 잘 나오지 않을 때 프로모션을 한다는 것입니다. 안 하는 것보다는 나을 수 있겠지만 문제는 투자 대비 효과가 신통치 않다는 데 있어요. 달리는 말에 채찍질하고 잘 자라는 나무에 수액을 줘야 그 효과가 바로 나타납니다. 병 들어 힘없이 서 있는 말에 채찍질해봐야 상태만 악화하고 고목에 수액을 놔도 효과는 미미합니다. 이미 카페 매출이 떨어졌을 때는 어지간히 파격적인 행사가 아니면 약발이 받지 않습니다. 평소 시기를 잘 골라 프로모션을 진행해야 하는 이유입니다.

과거 제가 했던 프로모션 가운데 가장 기억에 남고 효과적이었던 것은 2014년 11월부터 약 3년간 진행한 1,000원 아메리카노였습니다. 1샷을 기본으로 하고 샷을 추가하면 500원을 더 받았는데요. 정말 그 효과는 대단했습니다. 당시 월 매출이 500만 원 정도였는데 시행 2달 만에 매출이 2배가 됐으니까요. 손님들이 아메리카노만 시킨 것이 아니라 카페라테도 주문하고 원두를 샀기 때문에 가능한 일이었습니다. 그러나 지금은 이 행사를 할 수도 없고 해도 효과가 약할 것입니다. 생두 가격이 그때보다 2배 이상 올랐고, 인건비도 50% 이상 상승했으며, 이제는 저가 커피가 넘쳐나고 있기 때문입니다.

지방에서 카페를 하는 제 지인은 프로모션 홍보를 열정적으로 하는 것으로 유명합니다. 트럭에 현수막을 붙여 카페가 위치한 인근 일대를 돌면서 홍보하는데요. 카페 개업 때 한번 하는 행사가 아니라 거의 분기마다 수시로 합니다. 일반적으로 카페는 이런 식으로 홍보하지 않기 때문인지 실제로 효과가 좋다는 전언입니다. 사실 저는 조금

1,000원 아메리카노 프로모션

부끄럽기도 하고 익숙지 않아 시도조차 하지 못했지만 어지간한 배짱과 결단이 있지 않으면 할 수 없는 카페 홍보의 좋은 예라 하겠습니다.

지금 당장 할 수 있는 프로모션의 예로는 음료 가격 할인, 즉석 복권 경품 행사, 특정 시간대 음료 할인, 다회용 컵 증정, 커피와 빵 패키지 할인, 인근 식당과 연계 할인 등입니다. 사실 무엇을 하든 당장 효과가 대단히 좋지는 않을 것입니다. 이런 행사를 우리만 하는 것이 아니고 인근 카페들도 수시로 하는 것이기 때문입니다.

과거 인상적인 프로모션을 했던 카페 사례가 있어 소개합니다. 2020년 봄 코로나가 막 시작됐을 때 마스크 수요가 급증하면서 구하기가 쉽지 않았는데요. 어디서 마스크를 많이 구했는지 한 카페에서 음료를 사면 마스크 1개를 주는 행사를 진행했습니다. 왜 이 행사를 진행하게 됐는지 물어봤는데 한 손님이 마스크 끈이 끊어져 당황하는 모습을 보고 여분이 있어 1개 드렸는데 그렇게 감사해하더랍니다. 약 2주간 마스크 프로모션을 진행했는데 입소문을 타고 많은 손님이 찾았고 그 이후에도 일부는 단골로 거의 매일 매장에 출근 도장을 찍는다고 합니다.

카페가 처한 현실과 위치 그리고 주 고객층이 어떻게 되느냐에 따라 프로모션의 내용을 달리해야 합니다. 본인의 카페만이 할 수 있는 혹은 해야 하는 프로모션은 무엇인지 고민해야 합니다. 무엇보다 손님의 마음을 잡는 것은 음료 가격을 깎아주거나 하나 더 주는 것에 있지 않습니다. 손님의 마음을 헤아리는 데 있다는 것을 기억해야 합니다. 카페도 장사라는 것을 잊지 마세요.

2장
03

카페 브랜딩의 중요성

예로부터 사람 이름을 함부로 짓지 말라고 했습니다. 이름하면 저도 할 말이 많은데요. 흔한 이름이 아니어서 새 학년 초가 되면 선생님께서 "구대회는 있는데 신대회는 어디 있냐"라며 짓궂게 놀리기도 했습니다. 어릴 때는 아버지께 왜 이름을 이렇게 지었냐며 버릇없이 따지기도 했는데요. 반대로 지금은 돌아가신 아버지께 감사하고 있습니다. 제가 13년 전 카페를 시작했을 때 매장명은 '커피꼬모'였습니다. 꼬모는 베르사체, 조지 클루니 등 세계적인 유명 인사들의 별장이 있는 이탈리아의 휴양지입니다. 또한 저의 반려묘의 이름도 꼬모였기에 카페 이름을 '커피꼬모'라고 정했습니다.

2012년부터 방송에 나가고 언론에 이름이 오르내리면서 문제가 생겼습니다. 카페 이름과 제 이름을 동시에 알려야 하는 상황이 된 것이었죠. '커피꼬모'와 '구대회'를 함께 알리기가 쉽지 않았습니다. 그래서 결국 '커피꼬모'에서 '구대회커피'로 이름을 변경하고 CI를 만들어 상표 등록까지 마쳤습니다. 8년째 같은 이름을 사용하고 있는데요. 요즘은 또 고민이 생겼습니다. 주변에서 구대회커피 프랜차이즈를 하고 싶다는 문의가 종종 오는데 카페 이름이 사람 이름과 같다 보니 가맹점주 입장에서 불편할 수도 있겠다 싶더군요. 요즘 서브 브랜드를 하나 만들어야 하는 것은 아닌지 진지하게 고민하고 있습니다.

이렇듯 카페 이름은 좀 더 멀리 내다보고 지어야 합니다. 향후 사업 확장에 대한 비전이 있다면 그것까지 감안해서 정해야 하는데요. 대표자의 이름으로 지으면 자신의 이름을 걸고 커피를 열심히 한다는 좋은 인상을 줄 수도 있으나, 창업자의 리스크가 발생했을 때 그 피해가 고스란히 카페에 전가될 수 있습니다. 이름을 정했다면 반드시 상표 등록을 해야 합니다. 작은 카페 하나 하면서 뭐 대단한 사업을 한다고 상표 등록까지 해야 하나 생각하는 분도 있습니다. 나중에 땅을 치고 후회할 일이 생길 수도 있어요. 우리가 전셋집을 구하고 확정일자를 받는 것과 같다고 생각하고 반드시 상표 등록을 해야 합니다.

상표 등록을 할 때는 카페 이름뿐만 아니라 흔히 로고라고 하는 CI를 함께 등록하는 것이 좋습니다. 특허사무소나 상표 등록을 대행하는 업체에 맡기는 방법과 본인이 직접 하는 것이 있는데요. 비용 절약을 위해서는 본인이 하는 것이 맞고 시간 절약과 정확한 일 처리를 고려하면 전문업체를 이용하는 것이 좋습니다. 생각보다 절차가 복잡하지 않고 하는 과정에서 보람과 재미도 있으니 직접 해볼 것을 추천합니다. 검색창에 '특허로'를 입력하면 상표 출원부터 등록까지 어렵지 않게 할 수 있어요. 출원에 앞서 해당 상표가 이미 출원돼 있는지 검색해야 합니다. 검색창에 '상표검색'을 입력하면 특허정보 검색서비스가 나오니 그곳에서 특허실용신안, 디자인, 상표까지 검색하면 도움을 받을 수 있습니다.

특허청에 상표를 출원하면 10~12개월간 심사 기간을 거칩니다. 때에 따라 반려되는 일도 있으며 심사를 통과하면 2~3개월간 출원 공고를 거친 후 등록할 수 있습니다. 특허청으로부터 우편으로 등록결정서를 받은 후 소정의 등록료와 수수료를 납부하면 모든 절차가 끝납니다. 본인이 직접 할 경우 전체 비용은 등록료와 수수료를 포함해 25만 원 내외이며, 업체를 이용하면 출원 대행료 40~100만 원이 추가로 발생합니다. 상표를 등록하면 10년 동안 법적으로 보호받을 수 있고 이후에도 10년 단위로 갱신할 수 있습니다.

이제 상표 등록까지 마쳤다면 카페 이름과 CI가 들어간 테이크아웃 음료용 홀더와 굿즈를 만들어야 합니다. 굿즈 제작 업체에서는 이름과 CI 파일을 요구하는데요. 확장자가 ai로 된 것을 요구하기 때문에 미리 준비해야 시간을 절약할 수 있습니다. 굿즈의 경우 대량 제작하는 것보다는 개당 단가가 높지만 10개 미만으로도 제작할 수 있습니다. 무지 홀더나 기성품 컵과 텀블러를 쓰는 것보다 카페 운영을 규모 있게 한다는 좋은 인상을 줄 수 있어요. 큰돈이 들어가는 것도 아니기 때문에 카페 브랜딩을 위해 꼭 하는 것이 좋습니다.

2장
04

함부로 매장을 늘리면 안 되는 이유

15년 전 멀쩡히 다니던 직장을 그만두고 커피를 업으로 삼아야겠다고 마음먹었습니다. 그 당시만 해도 지금처럼 커피를 사업으로 키워야겠다는 생각은 하지 않았는데요. 동네에 작은 카페 하나 하면서 일상에서 주는 작은 행복에 감사하며 살고자 했습니다. 커피를 테마로 세계 여행을 다녀온 다음 느낀 것은 행복은 멀고 큰 것에 있지 않다는 것이었어요. 그래서인지 작은 행복에 방점을 두게 됐습니다. 2010년 카페를 열고 그 속에서 사람들을 만나고 이야기를 나누다 보니 어느새 제 마음에 또 다른 목표가 꿈틀거리고 있었습니다.

카페를 찾는 손님이 많아지고 사업이 어느 정도 궤도에 올라오니 조금 크게 2호점을 내고 싶다는 생각이 들었습니다. 본점은 10평 내외라 답답함을 느꼈고 손님에게 조금 더 큰 공간을 주고 싶다는 마음이 있었거든요. 2호점에 대한 결심을 굳히고 인근 부동산에 들러 적당한 자리를 알아봤습니다. 마침 권리금이 없고 감당할 수준의 보증금과 월세의 상가를 찾았는데요. 본점에서 불과 300m밖에 떨어지지 않았다는 점 또한 당시에는 이점으로 보였습니다.

사람들은 왜 본점과 가까운 곳에 2호점을 냈는지 의아해했습니다. 저 나름대로 이유가 있었어요. 2012년 일본으로 커피 수행을 떠났을 때 교토의 이노다 커피를 들렀습니다. 본점과 분점의 거리가 100m 내외였는데, 두 곳 모두 손님이 많았습니다. 그때 생각했죠. 본점과 분점 사이 거리가 가깝다고 문제가 되는 것은 아니라는 점을 말이죠. 사실 본점과 분점 사이가 멀면 두 곳을 오고 가며 관리하기가 어렵고, 새 점포를 주변에 알리고 신규 고객을 창출하는 것 역시 보통 일이 아닙니다.

2018년 4월, 서강대학교 근처에 2호점을 내고 2022년 3월 폐점까지 거의 만 4년간 운영했습니다. 일부 예상하기는 했지만, 원치 않았던 일이 발생했는데요. 본점 고객 중 일부가 서강대점으로 이동을 한 것이었습니다. 약 10% 정도가 빠질 거로 생각했는데 예상과는 달리 20~25%나 줄어들었습니다. 본점의 고정비용은 변함이 없는데 매출이 줄어듦으로써 영업이익 감소로 이어졌습니다. 예상대로 두 점포 사이 거리가 가까워 관리는 쉬웠습니다. 어느 점포건 문제가 생기면 즉각 해결이 가능했죠.

비록 본점의 손님 일부가 이동하기는 했지만, 다행히 2호점은 자리를 잡아갔습니다. 그러나 만 2년이 될 때쯤 전혀 예상치 못한, 그리고 통제할 수 없는 문제가 닥쳤습니다. 바로 코로나19 팬데믹이었습니다. 코로나19로 2년간 매출은 이전 대비 25% 이상 감소했습니다. 직원을 줄이고 영업시간을 조정하는 등 할 수 있는 여러 방안을 모색했으나 역부족이었습니다. 하는 수 없이 2호점을 폐점해야만 했습니다.

무슨 배짱이었는지 모르지만 "위기는 기회다"라는 마음으로 코로나19가 한창이던 2020년 4월과 2021년 1월에 가맹점 1개와 직영점 1개, 두 곳의 새로운 점포를 냈습니다. 정말 고생을 많이 했습니다. "잘 키운 자식 하나 열 자식 안 부럽다"라는 말이 있습니다. 여러 매장을 운영하면서 몸소 느낀 말이죠. 직영점 2개를 하는 것은 1개를 운영할 때에 비해 2배가 힘든 것이 아니라 4배 이상 더 손이 갑니다.

사업을 하면서 매장을 늘리는 이유는 몇 가지 있습니다. 그 가운데 하나는 브랜드의 규모를 커 보이게 하려는 것입니다. 저 역시 그랬으니까요. 동네 카페 하나가 아닌 브랜드 커피로 성장시키기 위한 단계 중 일부였습니다. 자본과 인력이 충분히 준비되지 않은 상태에서 시도하면 상당히 위험할 수 있는데요. 1+1은 2가 아니라 1.5가 될 수도 있고 양쪽을 신경 쓰다 보면 오히려 브랜드 관리에 소홀할 수 있기 때문입니다.

매장 여러 곳을 하면서 가장 힘들었던 점은 매출 감소도 아니고 몸이 힘든 것도 아니었습니다. 갑자기 직원이 그만두면 발생하는 근무 공백이 가장 어려웠어요. 직원을 새로 뽑아 정상적인 근무가 가능하도록 교육 후 투입하는 과정이 반복되다 보니 스트레스가 이만저만이 아니었습니다. 작은 카페 하나는 직원이 갑자기 그만두더라도 나 혼자서 어떻게 해보겠지만, 두 곳은 정말 답이 안 나오죠. 두 매장이 가까우면 가까운 대로 멀면 먼 대로 장단점이 존재합니다. 잘 짜인 관리 시스템을 만들기 전까지는 섣불리 매장을 확장하면 안 된다는 점을 꼭 기억하세요.

2장 05 프랜차이즈 사업을 할 것인가

이제 막 카페를 시작하는데 벌써 프랜차이즈까지 고려하냐고 반문할 분도 있을 텐데요. 물론 카페 하나를 잘하는 것도 무척 힘든 일입니다. 특히나 요즘처럼 카페가 넘쳐날 때는 더욱 그렇죠. 진입장벽이 낮다 보니 너도나도 카페에 도전합니다. 프랜차이즈 브랜드의 종류도 갈수록 늘어나고 있죠. 자본력과 인력을 갖춘 중견 기업이 아니라면 모든 커피 프랜차이즈는 단 하나의 점포에서 시작했습니다. 그다음 직영점을 하나 더 내고 그러다가 프랜차이즈로 가맹점을 받아 지금의 형태로 갖춘 거죠.

조금이라도 프랜차이즈 사업에 관심이 있다면 시작부터 다음 4가지를 기억해야 합니다. 첫째, 카페 이름입니다. 너무 기억하기 어렵거나 작은 느낌이 드는 것은 피하는 것이 좋습니다. 둘째, 메뉴의 구성입니다. 가능한 한 단순하게 하되 조리법이 복잡한 것은 매뉴얼하기 어려우므로 주의합니다. 셋째, 직원 교육을 위한 매뉴얼입니다. 카페는 일의 특성상 이직이 잦으므로 빠른 인수인계가 중요합니다. 넷째, 매입처의 선택과 관계입니다. 카페 원·부재료 및 기계류의 매입처와 관계를 잘해서 유사시 도움을 받도록 합니다.

카페 이름은 사람 이름과 마찬가지로 뜻도 중요하지만, 그것보다는 부르기 쉽고 기억하기 편해야 합니다. 아무리 의미가 좋아도 너무 길거나 어렵다면 그 카페를 기억하는 사람은 거의 없을 거예요. 예를 들어 '샤를의 마음을 훔친 너'라고 짓는다고 가정해보죠. 카페가 하나일 때는 그런가 보다 하겠지만 프랜차이즈를 하기에는 너무 길고 뜻도 애매해서 적당하지 않습니다. 과거 제 카페 이름인 '커피꼬모'는 어떨까요? 꼬모인지 꼬마인지 고모인지 헷갈리고, 이름이 너무 작은 느낌이라 좋지 않습니다.

메뉴가 많다는 것은 손님의 음료 선택권이 넓음을 의미합니다. 너무 적은 것보다는 낫지 않을까 생각하겠지만, 오히려 메뉴 수는 적은 것이 낫습니다. 일부 커피 프랜차이즈는 메뉴 수가 60~70가지에 이를 정도로 많은데 커피라기보다는 각종 소스와 퓌레를 혼합해 분식(粉飾)* 한 커피 음료입니다. 이런 카페의 특징은 커피가 맛이 없다는 것이죠. 아무리 인기 있는 음료라 하더라도 조리법이 너무 복잡하다면 매뉴얼화하기 어려울 것입니다. 만들기 단순하고 맛도 좋은 메뉴 개발에 힘써야 하는 이유입니다.

커피는 손맛이라는 말을 한번쯤은 들어봤을 것입니다. 커피 메뉴를 아무리 매뉴얼화하더라도 바리스타인 직원 교육이 제대로 안 된 상태

* 정작 내용은 볼품이 없는데 껍데기만을 보기 좋게 꾸민 것.

라면 정작 커피 맛은 어떨까요? 아마 손님은 뽑기를 하는 심정일 것입니다. 직원을 잘 만나야 그날 커피도 안심이 되겠죠. 프랜차이즈 카페의 경우 직원의 실력은 너무 뛰어날 필요도 없고 뛰어나서도 안 됩니다. 일정 수준 이상만 되면 충분해요. 너무 뛰어난 직원은 어차피 오래 있지도 않습니다. 가장 중요한 것은 인수인계를 신속하게 할 수 있도록 매장 내 시설물 관리 및 음료 제조를 위한 매뉴얼화가 돼야 한다는 것입니다.

로스터리 카페라면 문제가 안 되지만, 일반 카페라면 원두 매입처를 잘 선택해야 합니다. 갑자기 급할 때도 원두를 적시에 받을 수 있고 일정한 품질을 유지하는 곳이어야 하죠. 소스와 파우더도 역시 특정 브랜드를 고집할 필요는 없지만, 자주 바꾸는 것 또한 좋지 않습니다. 일단 선택했다면 지속해서 거래하고 신뢰 관계를 쌓아야 제품 매입 시 좋은 단가로 받을 수 있습니다. 에스프레소 머신과 그라인더 등은 한번 구매하면 끝이라고 생각하는데 절대 그렇지 않습니다. 보증 기간 내라면 아무 문제가 없지만, 이후에 발생하는 기계 고장의 경우 비용이 발생합니다. 그보다 더 중요한 것은 적시에 수리받을 수 있느냐 하는 것입니다. 업체를 잘 선택했다면 평소에 관계를 잘 만들어두는 것이 중요합니다. 예를 들면 그라인더 날과 정수 필터 등을 구매할 때 기존 머신 거래처를 이용하는 것인데요. 매입 기록이 남기 때문에 나중에 도움이 필요할 때 더 신경 쓸 수밖에 없습니다. 그게 세상 이치고 인지상정이니까요.

비록 여러분이 프랜차이즈 사업을 고려하고 있지 않더라도 앞에서 언급한 4가지는 카페를 운영할 때 큰 도움이 되니 꼭 기억하고 실행해 보세요.

2장 06 직영 매장의 장점과 한계

매장을 늘리는 방법은 모두 직영으로만 하든가 아니면 본점 1개만 직영으로 하고 나머지는 가맹점으로 하는 것이 있습니다. 직영으로만 하면 모든 매장에서 거의 같은 맛과 서비스를 유지할 수 있다는 장점이 있지만, 비용이 많이 든다는 단점이 있는데요. 기업은 항상 품질 관리와 비용 절감 사이에서 고군분투하는 관계로 의사 결정이 쉽지 않습니다. 더구나 요즘처럼 물가는 상승하나, 경기는 침체한 상황에서는 더욱 심각하죠.

커피에서는 대표적으로 스타벅스가 모든 매장을 직영으로 운영하고 있습니다. 어디를 가든 거의 같은 맛과 분위기 그리고 서비스를 기대할 수 있어요. 이것은 직영 매장의 특징이기도 하지만, 신세계라는 잘 짜인 대기업 시스템 덕분입니다. 개인이 모든 매장을 자기 자본만으로 출점한다는 것은 거의 불가능하고 비효율적인데요. 흔히 2~3개 매장은 직영으로 하고, 그다음부터는 가맹점으로 매장을 늘리는 것이 통상적인 확장 전략입니다.

직영 매장은 소유권이 본사에 있고, 직원과 아르바이트 역시 본사의 영향력 아래에 있어서 전반적인 통제가 가능합니다. 잘 짜인 매뉴얼에 따라 음료를 만들고 손님을 응대하죠. 대개 직영 매장의 경우 인테리어의 상태, 청소, 위생 등이 잘 관리되는 편입니다. 본사에서 파견된 점장이 직원과 아르바이트를 관리하고 본사에서 수시로 매장을 점검해서 가능한 일인데요. 직영 매장에서 발생하는 모든 수익은 본사에 귀속된다는 장점도 있습니다.

다만 직영 매장의 경우 비용이 많이 든다는 단점이 있습니다. 가맹점과 달리 매장을 만들고 유지하는 데 상당한 비용이 소요되며 초기 매장을 세팅하는 데 들어가는 모든 비용과 직원과 아르바이트의 급여를 본사에서 감당해야 합니다. 운영 중 노후화된 인테리어를 새로 하거나, 직원이 퇴사하면 급여뿐만 아니라 인력 공백을 본사에서 책임져야 하므로 적잖이 부담이 됩니다. 특히 매장 운영 중 적자가 발생하면 본사의 재정에 악영향을 미친다는 단점과 한계가 존재합니다.

2장
07

가맹점 매장의 장점과 한계

가맹점은 비용이 적게 들면서 확장할 수 있다는 장점이 있습니다. 반면에 어지간해서는 같은 맛과 서비스를 유지하기 어렵고, 가맹점과 마찰이 있을 수 있다는 단점이 있습니다. 직영점으로 하는 것보다 많은 자본이 들지는 않으나, 가맹점을 관리하는 데 많은 비용과 시간이 발생한다는 점은 양날의 검과 같습니다.

가맹점 매장의 가장 큰 장점은 카페를 세팅하고 운영하는 데 소요되는 모든 비용을 점주가 부담한다는 것입니다. 본사는 가맹점이 많으면 많을수록 커피 머신 및 원·부재료의 매입 단가가 낮아지기 때문에 매출 증가와 수익에 도움이 되는데요. 직원과 아르바이트의 급여 그리고 근무 공백을 점주가 책임지므로 그로 인한 비용과 스트레스에서 벗어날 수 있습니다. 가맹점의 매출이 늘면 원두와 소스 등 원·부재료 공급에서 오는 수익과 로열티가 커져 본사의 재정 건전성에 도움이 됩니다.

본사와 가맹점 간에 지켜야 할 것들을 계약서로 쓰더라도 가맹점이 그 내용을 신의 성실하게 지키는 것은 아닙니다. 처음에는 지키려고 노력하겠지만, 시간이 갈수록 마음이 해이해지고 의욕도 줄어들게 됩니다. 이런 과정에서 꼭 문제가 발생합니다. 원·부재료 사입과 임의 메뉴 판매 등이 그 예죠. 원·부재료를 본사에서 구매하는 것보다 사입하는 것이 더 저렴한 경우에 이 부분을 문제 삼는 것은 솔직히 조금 야박해 보입니다. 그러나 본사에서 공급하는 같은 재료가 아니라 원가를 낮추기 위해 품질이 낮은 재료를 사용하는 경우 이는 제재해야 하는데요. 더 큰 문제는 가맹점 임의로 메뉴를 만들어 판매하는 것입니다. 신규 매출 제고를 위한 일이라 해도 프랜차이즈의 근간을 흔드는 행위로서 금기시되는 일이죠. 본사에서 계약 위반으로 강력하게 대처하면 줄어들 수 있겠지만, 가맹점 이탈과 가맹점과의 마찰로 인한 부작용 우려로 일부 소규모 프랜차이즈 업체에서는 묵인하기도 합니다. 이 때문에 많은 프랜차이즈 가맹점에서 이와 같은 일이 빈번하게 발생하고 있는 것입니다.

제가 생각하는 가장 이상적인 구조는 본점과 분점 2개 매장만 본사에서 직영으로 운영하고 나머지는 가맹점을 모집해 늘려가는 것입니다. 다만 이 구조가 확립되고 정착하기 위해서는 곳대가 되는 직영점이 정상적으로 운영돼야 합니다. 일부 영세한 프랜차이즈의 경우 직영점마저 매뉴얼대로 운영되지 못하고 있어 안타깝습니다. 그런 상태로 가맹점을 모집한다고 해도 정상적인 지도와 정착 그리고 성장을 위한 도움을 줄 수 없으니 프랜차이즈 선택 시 주의해야 합니다.

3장 고객 관리

01 한번 온 손님을 단골로 만드는 방법

저 역시 자주 가는 음식점이 있습니다. 왜 그곳에 자주 가는지 곰곰이 생각해보면 굉장히 단순한데요. 위생이나 서비스에 크게 문제가 없고 음식이 입맛에 맞으면 단골이 돼 자주 가게 됩니다. 그러나 카페는 조금 얘기가 다릅니다. 우선 주문하는 과정이 조금 복잡합니다. "카페라테를 2샷으로 조금 뜨겁게 해주세요. 제가 거품을 싫어해서 되도록 없게 해주세요." 음료를 받은 손님은 이렇게 말합니다. "제가 뜨겁게 해달라고 했는데 조금 미지근한 것 같은데요." 바리스타는 뜨겁게 했을 텐데 뜨겁다는 척도가 손님과 달라 작은 마찰이 생긴 것입니다.

손님을 부르는 첫째 마법은 무엇보다 커피의 품질입니다. 지인이 카페를 열었다고 해도 1~2번은 가보겠지만, 만약 맛이 시원찮으면 솔직히 자주 가기는 어렵잖아요. 하지만 처음 간 카페라도 맛이 좋으면 다시 찾고 싶어집니다. 그런데 커피는 다른 음식과 마찬가지로 사람 손을 탄다고 하잖아요. 직원 없이 사장 1인이 운영하는 카페라면 모르지만, 직원을 쓸 거라면 얘기가 달라집니다. 카페 사장이 만든 커피는 맛있었는데 직원이나 아르바이트가 만든 커피는 맛이 별로였던 경험, 누구나 있을 거예요. 품질을 유지하기 어려운 이유가 여기에 있습니다. 프랜차이즈는 말할 것도 없고요.

둘째 마법은 서비스입니다. 우리가 흔히 음식점에서 서비스가 좋다고 할 때 말하는 서비스와는 조금 다른데요. 사장이나 직원이 손님을 대하는 태도와 정성을 말합니다. 손님이 카페 문을 열고 들어온 순간부터 나갈 때까지 손님 응대를 잘해야 합니다. 손님이 들어올 때 "어서 오세요"라는 인사로 시작해 주문받을 때는 "이렇게 맞으시죠"라고 확인합니다. 음료가 나갈 때 "주문하신 음료 준비됐습니다"라고 하고 손님이 카페를 나갈 때 "안녕히 가세요"라고 인사를 해야 합니다. 별것 아닌 것 같지만, 이렇게만 해도 이 카페가 뭔가 짜임새 있게 운영된다는 인상을 줍니다.

셋째 마법은 사소하지만 확실한 챙김입니다. 이건 해도 그만 안 해도 그만이라고 볼 수 있지만, 했을 때 효과가 분명한 것인데요. 이미 단골이 된 손님에게 쓰는 방법입니다. 예를 들어 단골손님이 이제 이사를 가게 됐다며 인사를 왔다면 원두나 콜드 브루를 선물로 드립니다. 다른 손님이 이 모습을 보기라도 한다면 그 효과는 배가됩니다. 그리고 이사한 손님은 나중에 이 근처에 올 일이 있으면 우리 카페에 꼭 들르게 되죠. 그렇지 않더라도 지인들에게 카페에 대해 좋은 이야기를 할 테니 자연스럽게 바이럴 마케팅이 됩니다. 이것저것 다 떠나서 단골손님이 떠나는데 작은 성의라도 표시하는 것은 나쁘지 않겠죠.

넷째 마법은 추억을 공유하라는 것입니다. 손님을 단골로 만드는 것보다 유지하는 것이 더 어렵습니다. 저는 한 장소에서 13년째 카페를 하다 보니 손님들의 자녀가 훌쩍 큰 모습을 보게 됩니다. 손님들 가운데는 군대에 간 아들도 있고, 이제 막 시집을 간 딸도 있으며, 대학 진학을 앞둔 자녀들도 있습니다. 엄마 손을 잡고 핫초코를 마셨던 아이들이 아이스 아메리카노를 마시러 카페에 오기도 합니다. 간혹 부모상을 당한 손님도 있을 텐데 알게 됐다면 모른 척하지 말고 작은 성의라도 표한다면 두고두고 기억될 것입니다. 이건 어디까지나 동네 카페에서 가능한 일입니다. 좋은 추억을 쌓고 그것을 공유하다 보면 오래도록 찾게 되는 인생 카페가 됩니다.

다섯째 마법은 나쁜 기억은 좋은 기억을 삼킨다는 것입니다. 손님에게 잘할 수 없다면 감정이 상하는 일은 안 만드는 것이 낫습니다. 누구든 손님에게 나쁘게 대하고 싶지 않겠지만 의도치 않게 손님에게 상처를 줄 수 있는데요. 음료가 잘못 나갔으면 반드시 사과하고 주문대로 음료가 나왔더라도 손님이 원하면 차액만큼 받고 다시 음료를 만들어야 합니다. 심드렁하게 "손님이 그렇게 주문했는데요"라고 말한다거나 손님의 실수에 무안을 주는 행동은 주의해야 합니다. 아무 감정 없이 한 언행이 타인에게는 큰 상처가 될 수 있습니다.

우리 매장에 오는 모든 손님에게 아무리 정성을 다해도 그들이 모두 단골이 될 수는 없습니다. 내가 아무런 노력을 하지 않았는데도 매일 매장을 찾는 손님이 있고, 정말 잘했는데 다른 카페 음료를 들고 우리 매장 앞을 지나는 손님도 있어요. 그렇다고 너무 상처받을 필요는 없습니다. 손님의 한 발은 안에, 다른 한 발은 바깥에 있기 때문입니다. 여러분이 이상에서 언급한 5가지를 잘 지킨다면 바깥에 있던 한 발이 다시 안으로 들어오지 않을까요. 무엇보다 중요한 것은 여러분의 마음에 생채기가 나지 않는 것입니다. 카페를 하는 사람이 행복해야 손님에게도 잘할 수 있으니까요.

3장 02 1잔 1잔이 모여 100잔이 된다

우리말에 "티끌 모아 태산이다"라는 속담이 있습니다. 커피에도 이와 비슷한 격언이 있어요. "아메리카노 1잔이 모여 100잔이 된다"라거나 "잔 커피 손님이 원두 손님이 된다"가 그것입니다. 하루 매출은 1잔에 2,500원밖에 안 하는 아메리카노 여러 잔이 모여 결정됩니다. 실제로도 판매 음료 중 50% 이상이 아메리카노입니다. 객단가로 손님을 평가해서는 안 되지만, 통계로만 본다면 작은 손님이 큰 손님이 되기도 하고 큰 손님을 불러오기도 합니다. 손님 1명 1명을 귀하게 여겨야 하는 이유죠.

아메리카노 1잔에 4,000~5,000원인 카페도 있지만, 대부분의 작은 카페는 2,000~3,000원 내외입니다. 카페라테는 그보다 500~1,000원이 비싸고요. 조각 케이크나 마들렌 같은 디저트류가 더해지면 객단가가 조금 높아지는데요. 사실 사람 마음이란 매출을 많이 올려주는 손님에게 마음이 더 갈 수밖에 없습니다. 그러나 재료비만으로 계산하면 아메리카노의 마진율이 가장 높아요. 다른 메뉴에 비해 만드는 시간이 짧고 과정도 단순해 단위 시간당 가장 많이 제조할 수 있다는 장점도 있습니다.

원두나 더치커피를 함께 판매하는 카페에서 갑자기 일 매출이 많이 나오는 때는 잔 커피 판매가 많아서가 아닙니다. 그날 원두와 더치커피의 판매가 갑자기 증가했기 때문이죠. 잔 커피에 비해 단가가 높아서 몇 개만 팔아도 잔 커피 몇십 잔을 판매한 효과가 있습니다. 반대로 원두나 더치커피의 판매가 저조하면 그날 매출이 확 줄기도 하는데요. 잔 커피가 받쳐주지 않는 상태에서 단가가 높은 다른 메뉴의 의존성은 상당히 위험합니다. 중요한 것은 매출이 일정하게 나와야 한다는 것입니다. 매출을 예상할 수 있어야 카페를 규모 있게 운영할 수 있기 때문입니다.

객단가가 적은 손님이라도 많이 오는 것이 좋습니다. 사실 일하는 입장에서는 엄청 많이 판매한 것 같은데 매출을 보면 힘이 빠지기도 하는데요. 그렇더라도 많은 손님이 와야 그사이에 객단가 높은 손님도 끼어 있는 법입니다. 이것저것 묻는 손님의 경우 실제 구매하지 않을 확률이 높지만, 그렇더라도 성의껏 답을 해줘야 합니다. 지인의 부탁을 받고 원두나 더치커피에 관해 물어보기 위해 온 분일 수도 있고, 나중에 여러 사람에게 선물하려고 사전조사를 할 수도 있는 것이니까요. 귀찮게 생각하지 말고 정성을 다하면 나중에 반드시 좋은 결과로 돌아옵니다.

다음 손님 가운데 최고의 VIP는 누구일까요?

1번. 가끔 오지만 높은 매출을 올려주는 손님

2번. 객단가는 낮으나 매일 오는 손님

3번. 잊을 만하면 와서 커피 1잔을 사가는 손님

4번. 매일 와서 많은 커피를 사가는 손님

아마 대부분은 4번으로 답을 하실 텐데요. 현실적으로 이런 손님은 거의 없습니다. 그리고 위험하기도 합니다. 왜냐하면 이 손님을 응대하느라 다른 손님의 주문이 지체되기 때문이죠. 예를 들어 어느 손님이 피크 타임에 예약 없이 아메리카노 30잔을 주문한다고 가정해봅시다. 아마 뒤에 오는 대부분의 손님은 시간이 없어 기다리지 않고 가버릴 것입니다. 그런데 이런 일이 수일 동안 반복된다면 어떻게 될까요?

객단가는 낮으나 매일 오는 손님이 가장 귀한 손님입니다. 비록 아메리카노 1잔을 사는 손님이라도 매일 오는 손님이기 때문에 카페의 안정적인 매출에 도움이 됩니다. 이런 손님들이 모이면 결국 하루 매출이 되고 하루가 1달이 되고 1달이 1년이 되는 것입니다. 오늘은 10만 원, 내일은 50만 원의 매출이 나오는 카페보다 매일 30만 원이 나오는 곳이 더 안정적인 운영과 성장에 도움이 됩니다.

매일 하루에 500잔 이상씩 파는 대박 카페도 그날 아침의 시작은 아메리카노 1잔이라는 것을 잊지 마세요.

3장 03

너무 가까이하지도, 멀리하지도 말라

동네 카페의 특징 중 하나는 단골손님을 상대한다는 것입니다. 비가 오나 눈이 오나 하루도 빠지지 않고 매일 오는 손님도 꽤 되는데요. 매장에 들어와 아무 말을 하지 않아도 눈빛만으로 무엇을 원하는지 알기에 매일 마시는 커피로 준비합니다. 이심전심인 거죠. 가끔 손주 돌이라며 떡을 주시기도 하고, 주말농장에서 키운 무농약 호박고구마를 한아름 주시기도 합니다. 이 맛에 동네 카페를 하는 거죠.

그 가운데 기억나는 손님이 있습니다. 매일 아침 정해진 시각이면 어르신 두 분이 다정하게 팔짱을 끼고 카페에 오십니다. 아메리카노 3잔과 크로플 1개를 주문하시는데요. 아메리카노 2잔은 카페 건너편 아파트 경비실 직원들 몫입니다. 손수 커피 2잔을 들고 경비실 직원에게 주고 오시는데 그 마음이 참 따뜻하고 보기 좋습니다. 커피 1잔과 크로플 1개를 두 분이 다정하게 나눠 드시는데 그 모습을 보고 있노라면 나도 나중에 저분들 나이가 되면 저렇게 살았으면 좋겠다고 생각합니다. 두

분은 앞으로도 오래도록 기억될 것 같습니다.

다른 한 분은 대중교통으로 1시간 거리에서 매일 오셨던 어르신인데요. 항상 케냐 AA 싱글 오리진 아메리카노를 주문하셨습니다. 만약 하루를 오지 못할 때는 이틀 치를 한번에 사가셨죠. 돌아가신 아버지와 동갑이셔서 더 마음이 갔었는데 그분도 제가 아들처럼 느껴지셨나 봅니다. 명절에는 저를 주려고 음식을 싸오시기도 하고 설날 세뱃돈이라며 돈을 주신 적도 있었어요. 갑자기 아버지 생각이 나서 왈칵 눈물이 쏟아지곤 했습니다. 건강히 잘 지내시는지 궁금하네요.

같은 자리에서 카페를 십수 년째 하다 보니 단골손님들이 이사를 하는 경우도 많습니다. 다른 동네에 가서도 가끔 저희 카페에 찾아오시는데 제 커피만 한 커피가 없다며 사장님 커피가 너무 그립고 생각났었다고 할 때면 정말 기분이 좋고 보람을 느낍니다. 최근에는 한 손님이 제주도로 1년살이를 갔는데 입에 맞는 커피가 없어 고생한다는 얘기를 그 손님 가족에게 들었습니다. 마침 저에게 커피를 배운 제자가 제주도에서 카페를 하고 있어 소개를 해드렸는데요. 다행히 커피가 마음에 드셨는지 정말 고맙다고 연락이 왔습니다. 이 맛에 커피를 하는구나 싶었죠.

카페를 하다 보면 종종 손님과 사적인 대화를 할 기회가 있습니다. 특히 단골손님과는 자연스럽게 정이 들고 허물없이 지내게 되는 일도 있어요. 손님으로 만나 카페에서 일하는 직원으로 발전하기도 하고 1인 카페의 경우 친한 손님에게 양해를 구하고 화장실에 다녀오기도 합니다. 제가 직원이나 가맹점 점주에게 하지 말라는 행동 중 하나가 이런 것인데요. 별것 아닌 행동 같지만 이런 일이 반복되면 나중에는 더한 일도 부탁하게 되고 결국 카페 운영 및 관리에 문제가 생기게 됩니다.

손님과 가까워지다 보면 간혹 금전 거래까지 이어질 때도 있습니다. 대부분의 금전 관계가 그렇듯 좋게 끝나는 경우가 거의 없고 오히려 단골을 잃게 되기도 합니다. 실제 사례를 들어 설명하겠습니다. A카페 사장인 K씨는 평소 가깝게 지낸 손님 L씨에게 1달 후에 갚겠다며 100만 원을 빌렸습니다. L씨 역시 큰돈이 아니고 친분도 있고 해서 선뜻 돈을 빌려줬는데요. 그러나 약속 날짜가 됐는데도 K씨는 돈을 상환하지 않았습니다. L씨가 돈을 달라고 하니 K씨는 다음과 같은 제안을 합니다. 당신이 매일 커피를 마시니 100만 원을 달아놓고 그만큼 커피로 갚으면 안 되겠냐고 말이죠. 결과는 어땠을까요? 동네에 소문이 나고 결국 A카페는 얼마 못 가서 문을 닫고 말았습니다.

앞의 예에서 보듯 세상의 모든 인간관계에서는 서로 지켜야 할 선이 있습니다. 누구라도 그 선을 넘으면 결국 좋지 않은 기억을 남긴 채 끝나고 말죠. 마치 영화처럼 카페에서 이성을 만나 간혹 연인으로 발전하기도 하고 결혼까지 한다면 얼마나 좋겠습니까. 하지만 현실은 다릅니다. 결과가 해피엔딩이면 더할 나위 없이 좋겠으나, 대개 불편한 앙금을 남긴 채 끝이 나죠. 단골은 잃고 남은 것은 마음에 아로새겨진 깊은 생채기뿐입니다. 불가근불가원(不可近不可遠), 너무 가까이하지도 너무 멀리하지도 말라는 의미입니다. 카페에서 손님을 어떻게 대할 것인가에 대한 가장 적합한 답이 아닐까 합니다.

카페를 하다 보면 단골손님들 덕에 마음이 훈훈해질 때도 있고 어떤 메뉴를 고를지 추측하는 재미도 있습니다. 새로운 커피 메뉴를 개발하는 설렘도 있죠. 반대로 까다롭고 어려운 손님을 만나 하루 기분을 망칠 때도 있어요. 기대만큼 매출이 안 나와 힘이 빠질 때도 있습니다. 이런 점에서 카페는 우리 삶의 희로애락이 가득한 세상의 축소판이라고도 할 수 있겠네요.

단골 어르신 부부
(좌) 한정호 (우) 김옥인

3장 04

고객 클레임의 유형과 해결법

손님을 받는 곳은 어디나 크든 작든 클레임이 발생합니다. 클레임이란 우리말로 '문제 제기' 정도로 해석할 수 있어요. 그나마 카페는 술집, 일반음식점, 옷 매장 등에 비하면 클레임의 빈도나 정도가 약한 편입니다. 그런데도 한번 발생하면 그 순간은 물론이고 그날 혹은 며칠간 영업에 나쁜 영향을 줄 정도로 타격이 큽니다. 카페를 하는 이유 중 하나가 다른 소매업에 비해 깨끗하고 편하고 손님과 문제가 덜 생기기 때문일 텐데요. 카페에서 클레임은 왜 발생하는 것일까요?

카페 클레임의 유형은 크게 5가지를 꼽을 수 있습니다. 주문 실수의 책임 소재, 손님을 대하는 직원의 태도, 음료 등 품질의 문제, 위생 불량, 아이와 반려동물로 인한 문제입니다.

가장 흔한 클레임은 주문 실수입니다. 직원이 주문을 받고 음료를 만들어 손님에게 서빙을 했는데 주문이 잘못 들어갔다며 직원에게 클레임을 하는 경우죠. 특히 손님이 많은 피크 타임, 무더운 여름, 전화로 주문받는 경우 흔하게 생깁니다. 손님이 잘못 주문했을 수도 있고 직원이 잘못 알아들어 주문이 틀리기도 합니다.

손님은 아이스 아메리카노 2잔을 주문했다고 하는데 직원이 따뜻한 아메리카노 2잔을 제공했다면 어떻게 해결해야 할까요? 가격이 같다면 다시 만들어 드리고 다르다면 차액만 받고 음료를 다시 만들어 제공하는 것이 좋습니다. 물론 매장에 키오스크가 있어 손님이 직접 주문하고 주문서를 가지고 있다면 이런 문제도 생기지 않겠죠. 그런데 아닙니다. 키오스크에 문제가 있다며 클레임을 거는 분도 목격했습니다. 자기 정의가 강한 사장이나 직원은 잘잘못을 가리겠지만, 손님의 마음을 얻거나 적어도 손님을 잃지 않으려면 다소 번거롭고 손해가 있더라도 음료를 다시 만들어 드리는 것이 좋습니다.

우리말에 "'아' 다르고 '어' 다르다"는 속담이 있습니다. 같은 말이라도 혹은 작은 차이가 결과에 있어 큰 차이를 가져올 수 있음을 의미하는 뜻인데요. 직원이 주문받을 때 퉁명스럽거나 불친절하지 않아도 느낌에 따라서는 손님이 불편할 수 있습니다. 특히 손님이 카페에 오기 전 기분 나쁜 일이 있었다면 더욱 그렇게 느낄 것입니다. 저 역시도 그렇지만 직원에게도 주문받을 때나 인사를 할 때 가능한 한 밝고 힘차게 하라고 합니다. 웃는 얼굴에 침 못 뱉는다고 하잖아요.

손님이 의도한 것과 다른 음료가 제공됐을 때 직원이 어떻게 반응하느냐에 따라 결과는 달라질 수 있습니다. 주문 내용이 이상 없음을 확인했더라도 상냥하고 정중한 말로 어떻게 해드리면 좋을지 물어본다면 손님은 그냥 넘어갈 수도 있습니다. 그리고 이런 일이 하루에 여러 건

있는 것이 아니라 1~2건에 불과하므로 얼마든지 유연하게 대응할 수 있습니다.

카페라테를 주문했으나 결과적으로 우유 거품이 두꺼운 카푸치노가 나갔다면 다시 만들어 제공해야 합니다. 문제는 아무리 봐도 이상이 없는데 커피 품질에 이의를 제기하고 클레임을 거는 경우인데요. 커피 맛이 예전 같지 않다며 원두가 바뀌었느냐 혹은 로스팅을 잘못했느냐며 문제 삼기도 합니다. 그렇지 않다고 해도 손님은 자꾸 클레임을 거는 경우가 있습니다. 이런 때 어떻게 해야 할까요?

저는 이런 경우 음료에 어떤 문제가 있는지 구체적으로 물어봅니다. 데운 우유의 온도가 낮은 것인지 아니면 커피가 연한지 또는 우유 거품에 문제가 있는지 말이죠. 사실 대화를 하다 보면 마음이 상하는 경우가 종종 있습니다. 실력에 문제가 있는 게 아니냐 혹은 이런 커피로 장사하느냐며 심한 말을 하는 손님도 있기 때문이죠. 그런데도 손님과 싸우려 하지 말고 "다음부터 더 신경을 써서 만들겠습니다"라고 말하면 대개는 무탈하게 넘어갑니다.

카페를 하면서 맛과 위생, 둘 중의 하나를 선택하라면 무엇을 선택할까요? 예외 없이 위생이라고 답할 것입니다. 그런데도 위생을 간과하는 것이 현실인데요. 대개는 유통기한 확인을 못 했다거나 이물질이 들어가는 등 의도치 않게 실수합니다. 일하다 보면 배달 음식을 자주 이용하게 되는데, 음식에서 도저히 간과할 수 없는 이물질이 나올 때가 있습니다. 어떻게 해야 할까요? 저는 앞으로도 계속 이용할 곳이라면 전화해서 클레임을 제기하고 그렇지 않은 곳이라면 그냥 넘어가고 맙니다. 다시는 이용하지 않는 거죠.

커피 음료의 위생 문제는 우유와 소스 등의 유통기한과 이물질을 들 수 있습니다. 과거 어느 카페에서 직원이 바에 있는 쓰레기통에서 손톱을 깎는 모습을 보고 경악을 한 적이 있습니다. 만에 하나 커피에 손톱 부스러기가 들어간다고 생각해보세요. 정말 이런 행동은 주의, 또 주의해야 합니다. 카페에서 위생 때문에 발생하는 모든 클레임에 대해서는 정중하게 사과하고 환불을 해주거나 환불 후에도 손님이 원하면 새 음료를 제공하는 등 문제를 매듭지어야 합니다.

마지막으로 가장 예민하고 해결하기 어려운 클레임입니다. 아이와 반려동물 때문에 생기는 문제입니다. 아이가 카페에서 뛰어다니거나 음료를 엎지르는 등 말썽을 부리면 어떻게 해야 할까요? 아마 아이에게 주의를 시키고 보호자에게도 말씀드릴 것입니다. 반려동물에게 물을 준다고 카페에 비치된 다회용 컵을 쓴다면요? 말을 어떻게 전달하느냐에 따라 의도치 않게 큰 문제로 비화될 수도 있습니다.

아이가 뛰다가 테이블 모서리에 부딪혀 다치는 경우를 예로 들겠습니다. 엄격한 잣대로 따지면 법적인 책임도 발생할 수 있는 일입니다. 어떻게 대처하느냐에 따라 맘카페에 험한 글이 올라갈 수도 있습니다. 실제 이런 일들이 비근하게 발생하고 있는데요. 키즈 카페도 아니고 성인이 이용하는 카페에서 벌어진 일인데도 오히려 화를 내거나 심한 경우 보상을 요구합니다. 이 때문에 재난배상책임보험을 가입하는 카페도 늘어나고 있죠.

카페에서 클레임이 발생하면 누구의 잘잘못을 가리는 것보다 대화로 원만한 해결이 중요합니다. 불특정 다수에게 음식을 파는 사업을 시작했다면 간과 쓸개는 집에 놓고 출근해야 합니다. 제가 카페를 열었을 때 어느 어르신이 이런 말씀을 하시더군요. “장사하는 사람 똥은 개도 안 먹어. 명심해!” 장사가 얼마나 어려우면 이런 말까지 있을까요.

4장 직원 관리

01 어떤 직원을 뽑을 것인가

카페를 운영하면서 가장 힘들었던 것은 다름 아닌 함께 일했던 직원 때문이었습니다. 아무리 근사한 카페라 하더라도 그것을 더욱 빛나게 하는 것은 그곳에서 일하는 직원입니다. 반대의 경우도 직원이죠. 그만큼 카페에서 직원의 역할은 중요합니다. 업의 특성상 이직이 잦고 갑작스러운 퇴사도 종종 있어서 다시 직원을 뽑고 교육하고 현장에 투입하는 문제가 참 어렵습니다.

여러분이 카페 사장이라면 어떤 직원과 함께 일하고 싶으신가요? 설마 젊고 준수한 외모에 커피에 대해 박식하고 실력도 있으며 성실하고 끈기 있는 직원은 아니겠죠? 결론부터 말씀드리면 세상에 그런 직원은 없습니다. 있다고 해도 당신이 만날 확률은 거의 제로에 가깝습니다. 그런 직원에게는 격에 맞는 대우를 해줘야 하는데 현실적으로 최저시급 이상은 주기 어렵잖아요.

저에게 하나만 꼽으라면 끈기 있는 직원입니다. 커피를 잘 모르고 조금 실력이 부족해도 아무 상관이 없습니다. 커피를 열심히 하려는 본인의 의지가 확고하고 배우겠다는 신념이 중요합니다. 카페에서 일할 직원 면접을 볼 때도 그 사람의 경력이나 학력 그리고 외모는 전혀 고려하지 않습니다. 경험상 그런 요소들은 아무 소용이 없기 때문입니다.

일반적으로 카페 채용 공고를 보면 '용모 단정'이란 수식어가 많이 들어갑니다. 그만큼 얼굴을 많이 본다는 의미입니다. 키, 얼굴, 체형 등 외적인 부분이 중요해 보이지만, 바리스타 업무의 본질을 생각하면 전혀 달라집니다. 바리스타는 커피를 맛있게 추출하는 사람입니다. 외모와는 전혀 관계가 없습니다. 청결만 잘 유지한다면 외모는 조금도 고려 대상이 아니라는 거죠.

여러분은 직장에서 어떤 사람과 일하고 싶은가요? 연애가 아닌 일이 목적이라면 무엇보다 신의 성실이 가장 중요합니다. 일은 잘하는데 거짓말을 수시로 하거나 지각이 잦으면 있는 정마저 뚝 떨어지지 않을까요. 정해진 시각에 문을 열고 마감해야 하는 카페에서 오픈 담당인데도 카페 문을 늦게 연다고 생각해보세요. 그리고 아무 말도 없이 결근하고 더 나아가 인수인계 없이 그만둔다면 정말 상상만 해도 머리가 지끈거립니다. 하지만 이런 일은 카페에서 수시로 겪는 일입니다.

카페 사장의 성별에 따라서 구하는 직원의 성별도 영향을 받을까요? 제가 직원을 채용할 때 남녀 차별을 한 적은 단 한번도 없었습니다. 오히려 업무 특성상 여자를 채용해야 하지만 남자를 선발하기도 했는데요. 어떤 분들은 예쁜 여자 바리스타가 카페에서 일하면 남자 손님들이 많이 올 것 같다고도 합니다. 굳이 매출이 목적이라면 잘생긴 남자 바리스타를 찾으세요. 아직 커피는 남자보다 여자가 더 많이 즐기고 있으니까요. 하지만 남녀를 구분하지 말고 성실하게 정해진 기간 동안 일할 수 있는 사람을 찾아야 합니다.

나이의 많고 적음은 어떨까요? 저 역시 이 부분에 대해 자유롭지는 못합니다. 바리스타를 채용할 때 나이를 보지 않는다고 하면 거짓말일 거예요. 함께 일하는 동료 직원과 너무 나이 차이가 나면 소통이 잘 안 되고 서로 불편하기도 합니다. 그렇다면 나이가 많다는 기준은 몇 살일까요? 나이를 특정할 수는 없지만 마흔이 넘으면 경력을 쌓기가 쉽지 않을 것입니다. 만약 바리스타로서 경력을 쌓고 카페를 차릴 뜻이 있다면 마흔 전에 시작하는 것이 조금 수월할 것입니다. 오래 서 있어야 하는 일의 특성상 나이가 있으면 체력적으로 견디기가 쉽지 않거든요. 일하는 동안은 발목, 무릎, 고관절까지 쑤시고 퇴근 후 집에 가면 퉁퉁 부은 발을 마주할 것입니다.

앞으로 직원을 구할 때 절대 외모는 보지 마세요. 훤칠한 키와 잘생긴 얼굴에 현혹되지 말라는 것입니다. 어차피 그런 친구들은 카페에서 오래 일하지 않습니다. 계약서에 정한 기간 동안 신의 성실하게 일할 수 있는 직원이 최고입니다. 그런 직원이 손님에게도 친절하게 잘합니다. 실력이 부족한 상태에서는 절대 카페를 시작하지 마세요. 결국 직원에게 의지하게 되고 휘둘리게 되고, 직원이 갑자기 그만두기라도 하면 큰 타격을 받습니다. 실력이 조금 부족해도 친절함과 성실함 그리고 끈기가 있는 직원을 찾으세요.

4장 02 필요한 직원을 채용하는 방법

매년 여러 차례 채용 공고를 내고 직원을 선발하는 과정을 반복합니다. 이는 저만의 문제가 아니라 카페 대부분이 겪는 어려움이죠. 한번 직원을 채용하면 5년 이상 다니는 것이 좋을까 아니면 매년 새롭게 채용을 하는 것이 나을까 고민할 때가 있습니다. 한 직원이 오래 다니면 업무적으로는 도움이 되겠지만, 계속 쌓여가는 퇴직금과 급여에 대한 부담을 감안하면 꼭 반길 일만은 아닌 것 같습니다. 결국 각자가 처한 형편에 맞게 기간을 정하고 필요한 직원을 채용해야 합니다.

카페에 적합한 직원을 채용하는 데 어려움을 겪는 것은 사장이 원하는 것과 직원이 바라는 것의 간극 때문입니다. 사장은 최저시급에 성실하게 일 잘하는 직원을 바라고, 그 정도 수준의 직원은 최저시급 이상의 급여와 조건을 바라기에 서로 매칭되기가 어렵습니다. 결국 그 틈을 줄이기 위해서는 한쪽에서 다른 쪽의 조건을 맞춰주는 방법 외에는 대안이 없어 보입니다.

필요한 직원을 채용하는 방법은 기본을 지키는 것에서 출발합니다. 최저시급과 주휴수당의 지급, 월급 날짜를 지키는 것, 휴게 시간의 보장, 퇴근 시간의 준수, 업무 외의 잡무 부여 금지, 계약기간을 지키는 것 등이 그 예인데요. 여기에 더해 직원이 일하면서 업무와 카페 운영에 대한 노하우를 배울 수 있는 곳이라면 아마 여러 예비 카페 창업자를 비롯해 커피에 뜻을 가진 바리스타들이 지원하지 않을까요.

많이 개선됐다고는 하지만 아직도 일부 수도권과 지방에서는 최저시급과 주휴수당을 제대로 지키지 않아 이와 관련한 민원이 노동청에 접수되고 있습니다. 심지어 계약서에 최저시급 이하의 임금을 지급하고 주휴수당은 지급하지 않는다는 조항을 넣기도 하는데요. 근로자가 동의했다고 해도 이는 불법이므로 나중에 그 차액만큼 지급해야 합니다. 최저시급과 주휴수당은 반드시 지급하면서 일을 시켜야 합니다.

카페 매출이 줄었다거나 형편이 좋지 못하다고 근로자의 임금을 제날짜에 주지 않는 경우가 종종 있습니다. 그 사정을 이해하지 못하는 바는 아닙니다만, 근로자는 그날만 바라보고 일하는 것이고 그 돈으로 생활해야 하므로 월급일을 지키는 것은 굉장히 중요합니다. 사장이 조금 서운하게 하더라도 일한 만큼의 정확한 금액이 월급으로 또박또박 나오면 없던 힘도 생기는 법입니다.

다른 음식점도 그렇지만 카페는 피크 타임이 점심시간과 겹칩니다. 하루 매출의 3분의 1 이상이 이때 나온다고 해도 과언이 아니죠. 근로기준법에는 8시간을 근무한 근로자에게 무급으로 1시간의 휴게 시간을 보장해야 한다고 명시하고 있습니다. 일부는 20~30분간 샌드위치로 간단히 해결하거나 그마저도 안 되는 예도 있어요. 저는 카페가 아무리 바빠도 직원의 휴게 시간만큼은 정확하게 보장하고 있습니다. 일의 특성상 오래 서 있어야 하고 몸을 쓰는 직업이기 때문에 휴게 시간은 꼭 지켜야 합니다.

저도 과거 직장을 다닐 때 그랬습니다만, 퇴근 시각이 가까워져 오면 자꾸 시계로 눈이 갑니다. 정각에 퇴근은 못 하더라도 5~10분이 지나면 마음이 불편하죠. 마감 조가 아니라면 정시에 퇴근시키는 것도 카페 복지 중 하나입니다. 갑자기 손님이 몰리는 경우 잠깐 거들 수는 있겠습니다만, 그런 경우 다음에 좀 더 휴게 시간을 보장하거나 금전적으로 보상해야 합니다.

요즘 그런 분들이 거의 없을 거라고 믿지만, 간혹 직원에게 개인적인 업무를 시키는 분들이 있습니다. 특히 직원의 근속 개월 수가 늘어날수록 가깝다고 생각해서 그런지 몰라도 절대 해서는 안 되는 행동입니다. 직원 개인의 자존감에도 상처가 날 수 있어 결국 카페 운영에 도움이 되지 않기 때문입니다. 카페 업무와 관계없는 사적인 일은 반드시 본인이 해결하고 직원에게는 카페 본연의 업무에만 집중할 수 있도록 해야 합니다.

카페가 어려워 불가피하게 폐업하거나 인원을 감축하는 경우가 아니면 직원을 계약기간 내에 함부로 해고해서는 안 됩니다. 특히 5인 이하 사업장에서 흔히 발생하는 일이죠. 5인 이하 사업장이라도 계약 종료 이전에 해고할 때 30일 전에 예고해야 하며, 그렇지 않으면 30일분의 통상임금을 해고예고수당으로 지급해야 합니다. 한 사람의 생활이 걸린 문제고 어떤 경우는 한 가정의 생계가 달린 것이므로 해고하더라도 사전에 직원과 충분히 협의 후 결정해야 합니다.

카페에 적합한 직원을 채용하는 방법은 결국 직원이 바라는 기본적인 것을 제공할 수 있느냐에 달렸습니다. 더 나아가 그곳에서 배울 것이 있다면 금상첨화겠죠. 인터넷 채용 사이트에 공고를 올릴 때 "가족 같은 직원을 구한다"라는 말 대신 위에서 언급한 것을 반드시 지키고 있고 함께 커피에 대해 고민하고 배워갔으면 좋겠다고 올려보세요. 저 역시 그런 카페를 만들도록 노력하겠습니다.

4장 03 5인 이상 사업장이 되면 바뀌는 것

근로기준법과 노동법에서는 영세한 사업자의 근로자 고용 유지에 대한 경제적 부담을 줄여주고자 상시 근로자가 5인 미만인 사업장일 때 예외 조항을 두고 있습니다. 대표적으로 근로기준법 제27조의 부당해고 및 부당해고 구제 신청, 근로기준법 제46조의 휴업수당, 근로기준법 제50조의 연장·휴일·야간 가산수당, 연차유급휴가, 근로기준법 제73조의 생리휴가를 들 수 있습니다.

즉, 상시근로자 5인 미만 사업장의 경우 위 내용을 준수하지 않아도 법적으로 아무 책임이 없음을 뜻합니다. 반대로 5인 이상 사업장이라면 사용자는 위 내용을 반드시 준수해야 하는 부담과 의무가 생기는데요. 5인 이상 사업장과 미만 사업장의 경계에 있는 사업주라면 상시근로자 수에 신경을 쓸 수밖에 없습니다. 5인 이상 또는 미만 사업장에 관한 판단에 있어 중요한 것은 상시근로자 수와 상시근로자에 포함되는 근로자입니다.

우선 눈여겨봐야 할 것은 상시근로자 수의 판단입니다. 근로기준법 시행령 제7조2에 따르면 상시근로자 산정 원칙은 법 적용 사유 발생일 전 1개월 동안 사용한 근로자의 연인원을 같은 기간 중의 가동일수로 나누어 산정합니다. 여기서 사유 발생일은 법이 적용되는 사유가 발생 또는 원인이 발생한 날을 의미합니다. 연인원은 일정 기간 내에 사용한 근로자 수의 합이고 가동일수는 근로일수입니다.

근무자가 매일 5명 이상이거나 미만이면 상시근로자가 5명 이상 또는 미만이기 때문에 고민할 이유가 없습니다. 그러나 다음과 같은 경우는 얘기가 달라지는데요. 카페에서 일하는 직원이 요일에 따라 어떤 날은 6명이고 또 어떤 날은 4명이라면 상시근로자의 판단은 어떻게 할까요? 총 가동일수가 30일이고 연인원은 140명이라면 상시근로자 수는 4.67명이므로 5인 이하 사업장이 됩니다. 여기서 끝이 아닙니다. 또 다른 조건을 만족해야 합니다.

상시근로자 산정 결과가 5인 미만인데 5인 미만 가동일수가 2분의 1 미만이거나 5인 이상 가동일수가 2분의 1 이상이면 5인 이상 사업장으로 인정됩니다. 산정 결과가 5인 이상이라 할지라도 5인 미만 가동일수가 2분의 1 이상이거나 5인 이상 가동일수가 2분의 1 미만이면 5인 이상 사업장으로 인정되지 않습니다. 즉, 상시근로자 수가 4.67명이라 할지라도 5인 이상 가동일수가 16일 이상이라면 5인 이상 사업장으로 인정된다는 것입니다.

상시근로자에 포함되는 근로자는 누구일까요? 직접 고용이 아닌 파견 근로자를 제외하고는 모두 상시근로자에 포함됩니다. 정규직 근로자와 기간제 근로자 그리고 주당 15시간 미만 근로자인 아르바이트 등 단기 근로자 모두 상시근로자가 되는데요. 예외도 있습니다. 만약 사업장이 친족만으로 운영된다면 근로기준법의 적용을 받지 않아 상시근로자 산정 자체가 의미가 없어요. 그러나 사업장에 단 1명이라도 일반 근로자가 포함돼 있다면 상시근로자 산정 시 친족을 모두 포함해야 합니다.

예를 들어 A 카페에 사장인 아버지와 장모님, 어머니, 아들, 딸이 근무한다고 가정해보죠. A 카페는 5인 이상 사업장일까요? 아니면 미만일까요? 장모님은 친족이 아니므로 일반 근로자가 되고 상시근로자 산정 시 친족을 모두 포함해야 합니다. 다만 사장인 아버지는 근로자가 아니고 사용자입니다. 상시근로자에 친족과 장모님을 포함해도 4인밖에 안 되므로 5인 미만 사업장으로 분류됩니다.

카페를 처음 시작할 때 상시근로자 수와 근로자에 포함되는 근로자를 잘 몰라서 절약할 수 있는 고정비의 불필요한 지출이 발생할 수 있는데요. 가능하다면 카페가 안정될 때까지는 상시근로자 수를 조정해 5인 미만 사업장으로 운영해야 사용자와 근로자 간에 불필요한 오해와 마찰 그리고 경제적 손실을 줄일 수 있습니다.

4장 04 파트타임 채용 시 주의할 점

카페에는 능수능란한 바리스타도 필요하지만, 그 일을 보조할 파트타임의 역할도 중요합니다. 어떤 때는 파트타임 1명이 바리스타 2명 부럽지 않을 정도의 몫을 할 때도 있어요. 특히 피크 타임 2~3시간 동안 인력 공백이 있을 때 손이 빠른 파트타임 1명의 역할이 그렇습니다. 반대로 가장 빈번하게 속을 태우는 존재 또한 파트타임인데요. 무단으로 지각 또는 결근하거나 계약기간을 채우지 않고 카톡으로 그만두기도 합니다. 동전의 양면과 같은 파트타임, 얼마나 채용해야 서로에게 도움이 될까요.

우리가 흔히 아르바이트로 부르는 파트타임은 단기간 또는 초단기간 근로자로 구분할 수 있습니다. 둘 사이의 기준은 주당 15시간 근무입니다. 5인 이상 사업장에서 5라는 숫자가 중요했듯 파트타임에서는 15라는 숫자가 큰 의미가 있습니다. 15시간 이상이면 단기 근로자이고 그렇지 않으면 초단기 근로자라고 하는데요. 주당 15시간 이상 근무하면 4대 보험에 의무적으로 가입해야 하고 1년 만근 시 퇴직금이 발생합니다. 또한 주휴수당 역시 반드시 지급해야 하죠. 이런 이유로 사용자들은 15시간 미만의 파트타임을 선호하고, 반대로 근로자들은 15시간 이상 근무를 원합니다.

또 하나 중요한 숫자가 있습니다. 바로 8일이라는 숫자인데요. 카페에서 갑자기 직원 1명이 그만두게 됐는데 제때 채용을 못 했다면 어떻게 할까요. 하는 수 없이 직원을 구할 때까지 파트타임을 고용해야 하는데, 며칠을 고용할지 고민이 앞섭니다. 직원은 말할 것도 없고 파트타임이라도 시간과 관계없이 고용보험과 산재보험은 의무사항입니다. 고용보험은 사용자와 근로자가 50%씩 부담하지만, 산재보험은 사용자가 100% 부담해야 합니다. 만약 주당 15시간 이상 근무하거나 월의 8일 이상 근무하면 연금보험과 건강보험 또한 가입해야 하죠. 즉, 4대 보험에 모두 가입해야 하는 상황이 됩니다. 4대 보험에 대해서는 다음 장에서 자세하게 살펴보기로 해요.

얼마 되지 않는 월급에서 4대 보험을 공제하고 싶은 파트타임은 없습니다. 일부는 고용과 산재 또한 내기 싫어하는데 이 둘은 나중에 실업급여와 업무 현장에서 예기치 못한 사고를 대비하기 위해서라도 꼭 필요합니다. 특히 사용자들이 더욱 꺼리게 되지만 예를 하나 들어볼게요. 주당 20시간을 일하기로 하고 4대 보험을 신고했는데 2주가 지난 후 갑자기 그만둔다고 합니다. 근로자의 경우 본인이 선택한 일이기에 감당해야 하지만, 사용자는 아까운 공과금만 날아간 것이죠. 카페를 하다 보면 이런 일이 비일비재한데요. 결국 나라의 곳간만 채워지는 격입니다.

이런 일을 사전에 방지하기 위해서는 첫 달의 경우 주당 15시간 미만을 근무하도록 계약하고 그다음 달부터 15시간 이상을 근무하는 것으로 계약하면 됩니다. 어차피 첫 달은 고용과 산재만 가입하면 되니까 서로 큰 부담이 되지 않아요. 다음 달도 15시간 미만을 유지하거나 필요에 따라 그 이상을 근무하게 하고 4대 보험에 가입해야 합니다. 파트타임의 계약은 연 단위로 하지 말고 3개월 또는 길어도 6개월 단위로 하는 것이 좋습니다. 근로자는 싫어할 수도 있겠지만, 첫 달은 15시간 미만으로 근무하면서 근무 태도와 근로자의 요구를 반영해 점점 근로시간을 늘려가는 것이 좋습니다.

만약 직원으로 전환할 계획이 아니라면 계약기간 연장 시 주당 15시간 이내에서 월의 7일까지만 근무하도록 파트타임을 쓰는 것이 좋습니다. 앞에서 언급했듯 가능하면 5인 이상 사업장에 포함되지 않도록 근무표를 만들어야 합니다. 주당 15시간 미만의 파트타임이 많아지면 5인 이하 사업장의 예외 조항을 누리지 못할 수 있으니 주의해야 합니다. 자칫하면 교각살우(矯角殺牛), 즉 작은 결점을 고치려다 그 방법이 지나쳐 더 큰 손해를 입게 됩니다.

실제 카페를 운영하다 보면 직원 1명은 물론이고 파트타임 1명을 채용하기도 쉽지 않습니다. 섣불리 채용하지 말고 정말 필요한 인원인지 함께할 수 있는 사람인지 숙고 후에 결정해야 합니다. 상황이 허락된다면 채용 시 초단기 근로자, 단기 근로자, 직원 순으로 계약을 갱신하는 것이 좋습니다. 사용자에게는 경제적 부담을 덜고 근로자는 조금씩 성장한다는 성취감을 주니까요. 물론 이것은 이제 막 일을 시작했거나 커피 실력이 부족한 근로자에게나 해당하는 것입니다.

4장 05

4대 보험은 무조건 들어야 하나

국민연금, 건강보험, 고용보험, 산재보험을 일컬어 4대 보험이라고 합니다. 가입 유형에 따라 지역가입자와 사업장가입자로 구분하죠. 직장을 다녔다가 퇴직했다면 지역가입자로 자동 전환이 됩니다. 카페를 개업하고 1명 이상의 근로자를 고용했다면 본인은 물론이고 근로자 역시 사업장가입자가 됩니다. 본인의 자산이 많다면 건강보험료의 절약을 위해 지역가입자보다는 사업장가입자가 유리합니다.

배우자와 직계 가족이 카페에서 근로자로 일하고 있다면 4대 보험 중 고용보험은 대상에서 제외됩니다. 즉, 실직해도 실업급여를 받을 수 없다는 것이죠. 실업급여는 직장의 폐업, 비자발적 퇴직, 계약 만료, 사업장의 이전으로 인한 통근 어려움 등을 이유로 지급되기 때문입니다. 가족을 직원으로 둔 경우 위의 예에 해당하지 않아 고용보험으로 보호해주지 않는 것입니다.

4대 보험의 산정 기준은 다음과 같습니다. 국민연금의 경우 보험료율은 기준 월 소득액의 9%를 납부하게 되는데요. 기준 월 소득액은 최저 32만 원에서 최고 503만 원까지입니다. 즉, 소득이 503만 원을 초과해도 기준 월 소득액은 503만 원인 것입니다. 사업자는 9%를 모두 본인이 부담하고 근로자는 사업주가 절반인 4.5%를 부담하기 때문에 실제 본인 부담은 4.5%입니다.

건강보험은 조금 더 복잡합니다. 건강보험료와 장기요양보험료로 구분할 수 있는데요. 건강보험료는 보수월액 기준이 6.99%입니다. 당월 보수월액은 전년도 보수를 기준으로 정합니다. 다음 해 4월에 보수월액을 정산해 그 차액을 납부하거나 환급받게 되며 사업자는 본인이 모두 부담하고 근로자는 사업주와 반씩 부담하는데요. 장기요양보험료는 보수월액이 아닌 건강보험료를 기준으로 하며 보험료율은 12.27%입니다. 사업주와 근로자 각자 50%씩 부담하게 됩니다.

고용보험료는 실업급여와 고용안정 및 직업능력개발사업으로 나뉩니다. 실업급여 보험료율은 기준 월 소득액의 1.6%를 납부하게 되며 근로자와 사업주가 반씩 부담합니다. 고용안정 및 직업능력개발사업의 보험료율은 근로자 수가 150인 미만이면 근로자 부담금은 없고 사업주만 기준 월 소득액의 0.25%를 납부하면 되는데요. 실직 시 근로자로서 가장 필요한 공적 보험은 6개월간 실업급여를 지급하는 고용보험입니다.

산재보험은 근로자 부담금은 없고 사업주가 모두 부담하는 공적 보험입니다. 산재보험료는 보수총액(월평균 보수)×보험료율÷1,000입니다. 사업장 분류에 따라 산재 발생 위험의 정도가 달라서 업종 요율에 따라 보험료율에 차이가 있습니다. 보험료율은 산재 요율(업종 요율

+출퇴근 재해 요율 1.0), 임금채권 부담금 비율(0.6), 석면 피해구제 분담금(0.03)의 합인데요. 카페의 경우 음식 및 숙박업에 해당하기 때문에 산재 요율은 8.0입니다. 위 식에 의하면 보수총액이 200만 원인 카페 직원의 산재보험료는 19,260원이 나옵니다.

4대 보험을 신고하는 방법은 크게 2가지입니다. 본인이 직접 4대 사회보험 정보연계센터(www.4insure.or.kr)에 신고하거나 노무사와 세무사 등 대리인에게 맡기는 것입니다. 5인 이하 사업장의 경우 기장 대리를 하는 세무사무소에 사용자와 근로자의 4대 보험 취득·상실 등 신고 업무를 맡깁니다. 5인 이상 사업장은 향후 사업장에서 노무와 관련된 문제가 발생할 것에 대비해 노무사에게 맡기기도 합니다. 4대 보험 역시 노무사무소에서 신고에 관련된 업무를 대리해주고 있습니다.

불황이나 예기치 못한 사고로 사업장에 어려움이 생기면 4대 보험을 체납하는 일이 생깁니다. 사업장의 경우 회사 계좌에 압류가 들어오고 신규 대출을 받을 수 없는 등 금융 거래에 불이익을 받는데요. 근로자의 경우 급여에서 4대 보험을 공제했음에도 회사에서 체납했다면 당연히 납부 의무는 사용자에게 있습니다. 4대 보험은 우리 사회의 안정과 복지 그리고 건강한 삶을 유지하기 위해 꼭 필요한 것이라는 것에 공감하지만, 솔직히 사업주로서는 부담이 되는데요. 새롭게 카페를 하는 분들은 사업이 잘돼 4대 보험을 체납하는 일이 없이 종합소득세 납부 걱정만 하기를 바랍니다.

4장 06

직원 교육 어떻게 할까

신입은 물론 경력직이라 할지라도 새로운 조직에 들어가면 그곳에 필요한 직무 교육이 요구됩니다. 그 중요성은 아무리 강조해도 지나침이 없어요. 카페라고 해도 예외는 아닙니다. 아무리 아르바이트를 뽑더라도 포스 사용법, 손님에 대한 예절, 메뉴 레시피 등에 대한 교육은 진행해야 하는데요. 짧게는 몇 시간부터 며칠까지 필요한 직무 교육을 진행합니다. 직원 교육은 어떻게 구성하고 해야 할까요?

직원 교육은 크게 실무를 중심으로 하는 직무와 손님에 대한 태도 등으로 구성됩니다. 실무로는 포스 사용법, 에스프레소 머신 사용법, 그라인더 사용법, 블렌더 등 기계류 사용법, 우유 스티밍, 메뉴 레시피가 있고요. 태도로는 손님 응대, 직업윤리, 커피를 대하는 자세, 직원 간 관계가 있습니다.

이제 웬만한 카페마다 다 있는 포스는 없어서는 안 될 카페 필수품 중 하나가 됐습니다. 특히 메뉴의 종류가 다양하고 손님이 많은 곳에서는 주문의 정확성과 업무 효율성을 높이기 위해 꼭 필요합니다. 포스 사용에 익숙한 직원이라면 30분이면 배우겠지만, 처음 사용하거나 익숙지 않은 사람에게는 2~3시간 정도가 소요됩니다. 포인트 적립, 포스 메뉴 화면 변경 등까지 배우려면 더 걸릴 수도 있습니다.

에스프레소 머신의 경우 외관은 차이가 있을지 몰라도 사용법은 거의 비슷합니다. 경력직이라면 추출 버튼의 종류와 위치 정도만 알면 바로 현장에서 사용할 수 있죠. 다만 매일 마감 시 해야 하는 약품 청소를 위해서는 청소 모드 작동법에 대해 알아야 합니다. 프리 버튼을 제외한 솔로와 도피오 등 추출 버튼마다 물 양이 다르게 세팅돼 있는데요. 가능하다면 물 양을 조절하는 방법도 교육하는 것이 좋습니다.

그라인더는 크게 수동과 자동으로 구분할 수 있습니다. 수동은 말할 것도 없고 자동이라도 분쇄도 조절 그리고 1샷과 2샷 버튼의 원두량 조절에 대해서는 알고 있어야 하는데요. 원두의 날짜가 바뀔 때, 그날 온도와 습도에 따라서도 원두의 상태가 달라지기 때문에 분쇄도와 도징 시 원두의 양을 조절해야 합니다. 특히 자동만 사용해서 수동 그라인더에 익숙하지 않은 바리스타들도 꽤 있어 사전에 충분한 연습을 해야 합니다.

실무 교육 시 가장 많은 시간과 공을 들여야 하는 것은 우유 스티밍입니다. 우유를 데우고 섞고 거품을 내는 단순한 것이지만 잘하기란 쉽지 않습니다. 특히 곱고 풍성한 거품을 내는 것과 거품이 없이 데우고 섞는 것은 무척 어려울 수 있습니다. 카페마다 추구하는 거품의 양과 질이 달라서 스티밍 교육에 가장 많은 시간을 투자해야 합니다. 요즘은 손님 가운데도 스티밍 소리만 들으면 지금 내 커피가 잘되고 있는지 아닌지 알고 있는 분들도 꽤 있어서 더 신경 써야 합니다.

커피의 기본 메뉴는 어느 카페나 크게 다르지 않습니다. 그 집만의 시그니처 메뉴가 있는 경우 혹은 커피 외의 음료가 많은 경우에는 메뉴 교육이 필수적입니다. 평소 메뉴 레시피를 만들어두면 교육 시간을 절약할 수 있을 뿐만 아니라 정확한 교육이 가능하므로 준비해두는 것이 좋습니다.

맛있는 커피와 음료를 만드는 것 이상으로 중요한 것은 직원이 손님을 대하는 태도입니다. 단순히 손님에게 잘하라고 말하는 것보다는 지금 하는 일에 대한 비전과 사명감을 가질 수 있는 교육이 필요합니다. 이 일을 왜 하는지, 무엇을 해야 하는지, 일하는 기쁨은 어떻게 찾는지 등 해야 할 교육의 내용이 생각보다 많이 있습니다. 직원의 자존감이 높지 않으면 손님에게 잘할 수 없으니 이 또한 간과하면 안 됩니다.

그다음으로 손님의 의미, 친절의 의미와 범위, 개인적인 감정의 절제, 클레임 해결 방법 등에 대해서도 교육해야 합니다. 이런 교육을 위해서는 평소 카페 사장부터 직업에 대한 비전, 윤리, 사명감, 일의 목적 등에 대해 정리된 생각이 필요합니다.

일하다 보면 정작 커피에 대한 본질적인 고민은 못 하게 됩니다. 손님에게 맛있는 커피를 제공하기 위해서는 커피의 맛, 물의 온도, 커피 농도, 커피에 대한 남녀와 세대 간의 차이 등에 대해 사전 학습이 있어야 하는데요. 직원 교육 시 커피를 다루는 기술과 메뉴 교육 이상으로 신경 써야 하는 본질적인 부분입니다.

마지막으로 직원 간 질서와 소통에 관한 것입니다. 우선 직급과 직무에 따른 업무 분장을 해야 하는데요. 직원마다 할 일을 명확히 정해주지 않으면 서로 일을 미루거나 특정 직원에게만 일이 쏠리는 부작용이 생깁니다. 직원끼리는 그나마 소통이 나을 텐데요. 사장과 직원 간에는 위계에서 오는 불편함 때문에 쉽지 않습니다. 사장의 일방적인 지시보다는 이렇게 하는 것은 어떤지 또는 이 문제에 대해 어떻게 생각하는지 등 평소 직원의 의견을 듣고 소통하는 분위기를 만들어야 합니다.

직원 매니저 교육

■ 교육생:

회차	일자	요일	대주제	소주제	내용	과제
1			직업	비전	오래 걸린다, 불일치, 나와 회사의 책임	
2				일	왜 하는가, 무엇을 해야 하나, 일하는 기쁨은?	
3				윤리	개인과 회사의 윤리 불일치, 도덕성, 수익성	
4				사명감	신수동, 마포, 한국을 대표하는 커피	
5				돈과 보상	급여의 의미, 하기 나름(존재감 증명)	
6			고객	의미	고객은 어떤 의미인가	주간리포트제출
7				태도	어떤 태도를 견지해야 하나	
8				친절	어디까지 친절해야 하나	
9				감정	개인적인 감정은 없는 것, 잊어라	
10				문제	어떻게 해결할까	
11			커피	맛	맛있는 커피란 무엇인가?	주간리포트제출
12				온도	고객, 시기에 따른 적정 온도	
13				농도	사람에 따른 농도 맞추기	
14				남녀차	어떻게 다른가?	
15				세대차	무엇이 다른가?	
16			직원	질서	위계질서가 깨지면 모든 것이 끝난다	주간리포트제출
17				소통	힘들지만 해야 할 일	
18				보상	돈 말고도 보상은 많다	
19				교육	최고의 교육은 솔선수범(내가 잘해야)	
20				기다리기	당장 지적할 것 빼고는 기다려야(힘들다)	
21			평가			주간리포트제출

4장 07 직원의 연말정산 어떻게 하나

직장을 다녔다면 흔히 13월의 월급이라고 불리는 연말정산을 한번쯤은 해봤을 것입니다. 연말정산은 원천징수한 세금이 실제 부담할 세액보다 많았다면 그 차액만큼 돌려받고 적었다면 더 내는 제도입니다. 사업자가 되면 근로자의 연말정산을 일괄처리해 관할 세무서에 제출해야 합니다. 직접 하는 방법과 세무 대리인을 통한 것이 있는데, 기장 대리를 맡기고 있다면 근로자로부터 관련 영수증과 증빙서류를 받아 세무사무실에 전달만 하면 됩니다.

1기 부가가치세 신고와 납부가 끝난 1월 말쯤이면 세무 대리인으로부터 연말정산 안내문이 옵니다. 늦어도 3주 이내에 관련 자료를 송부해야 2월 급여에 연말정산 차액을 반영할 수 있습니다. 연말정산 신고를 위한 자료로는 인적공제, 해당 연도에 전 근무지가 있다면 그 직장의 근로소득원천징수영수증, 연말정산간소화서비스가 있습니다. 간소화서비스가 되지 않는 서류들은 각 기관에 요청해야 합니다.

직원에게 연말정산 서류를 받을 때 모든 항목에 대해 정확하게 알지는 못해도 어느 정도 사전 지식이 있으면 일을 편하게 할 수 있습니다. 그렇지 않아도 어려운 세무인데 그 세부 내용을 안다는 것은 거의 불가능하지 않을까 싶습니다. 저 역시 직원이 그 내용을 물으면 실수를 줄이기 위해서라도 세무사에게 물어보라고 연락처를 주곤 합니다. 사업자라면 매년 5월에 해야 하는 종합소득세 신고와 연말정산은 비슷한 면이 많은데요. 인적공제, 공제할 수 있는 영수증 종류 등에 대해 알고 있으면 두고두고 도움이 됩니다.

인적공제는 생계를 같이 하는 만 60세 이상의 부모님과 배우자, 그리고 만 20세 이하의 자녀가 대상입니다. 1명당 150만 원의 공제가 가능하고 부모님과 배우자 등의 소득공제를 받기 위해서는 근로소득의 경우 연간 500만 원을 초과하면 안 되고 기타 연간 소득은 100만 원까지만 가능합니다. 또한 다른 가족의 소득공제 대상이 된 부양가족은 중복 공제가 되므로 배제되는데요. 예를 들어 형이 부모님을 인적공제로 신고했다면 나는 부모님을 부양가족 대상으로 올릴 수 없다는 것입니다.

A라는 직원이 해당연도에 전 직장이 있었다면 그 직장의 근로소득 원천징수영수증을 준비해야 합니다. 만약 이를 제출하지 못하면 세금이 추가로 나올 수 있어 신경을 써야 합니다. 만약 전 직장이 폐업했거나 기타 사유로 원천징수영수증을 못 받는 상황이라면 5월 종합소득세 확정신고 기간에 다시 신청하면 됩니다. 이 기간에는 이전 직장을 퇴사하는 과정에서 신용카드, 보험료 등 공제할 수 있는 서류를 누락해 환급을 덜 받게 된 건에 대해서도 구제할 수 있습니다

국세청 홈페이지, 홈택스(www.hometax.go.kr)에서 제공하는 연말정산간소화는 근로자의 연말정산 신고 시 편의성과 정확성을 높이기 위해 개발된 서비스입니다. 연말정산간소화에서 제공하지 않는 소득공제와 세액공제 증빙자료는 근로자 본인이 직접 수집해 사업장에 제공해야 합니다. 그 예로는 가족관계증명서, 기부금 영수증, 안경 또는 교복 구입비 등이 있습니다. 나중에 급하게 준비하느라 자료를 놓치는 일이 없도록 평소 관련 영수증을 잘 챙겨야 합니다.

근로자라면 연말정산 환급금이 얼마나 나올지 궁금할 것입니다. 계산 과정은 총급여에서 근로소득공제를 제한 근로소득금액에서 각종 공제를 빼는 것입니다. 그 내용을 세부적으로 살펴보면 총급여는 연봉에서 비과세소득을 뺀 것입니다. 근로소득금액에서 인적공제, 연금보험료공제, 특별소득공제, 그 밖의 소득공제를 제하고 소득공제 한도초과액을 더하면 과세표준금액이 나오는데요. 여기에 과세표준에 따른 기본세율(6~45%)을 곱하면 연말정산 환급금 계산 전 산출세액이 결정됩니다. 이제 세액감면 및 공제를 제하면 결정세액이 나오는데요. 이게 끝이 아닙니다. 결정세액에서 이미 납부한 세액을 빼면 차감징수세액이 나오는 것으로 복잡한 계산 과정이 마무리됩니다.

대부분의 근로자는 연말정산으로 적게는 수만 원에서, 많게는 수백만 원에 이르기까지 환급을 받을 것입니다. 그러나 때에 따라 기납부한 세액이 적어서 오히려 더 내기도 하는데요. 연말정산 결과에 따라 환급할 돈이 있으면 급여에 반영해 지급하면 되고, 만약 더 내야 한다면 급여에서 그 금액만큼 제한 후 지급합니다. 사업자는 근로자에게 지급한 연말정산환급금을 어디서 받아야 하는지 의아할 텐데요. 7월 원천세 반기신고(1~6월분) 때 연말정산 환급신청을 하면 내야 할 세금에서 상계해 처리되는 것으로 연말정산과 관계된 모든 업무는 종료됩니다.

4장 08 직원이 그만둘 때 벌어지는 일

만남이 있으면 헤어짐은 세상의 이치입니다. 카페에서도 이런 일이 수시로 일어나는데요. 이 때문일까요. 손님이 음식점이나 카페, 그리고 편의점에서 일하는 직원을 '알바'로 부르는 기저에는 얕봄이나 전문성이 없음을 깔고 있습니다. 지난 13년 동안 카페 여러 곳을 하면서 많은 직원을 경험했는데요. 그 가운데는 생각만 해도 보고 싶은 직원이 있고, 정반대의 경우도 있습니다. 직원은 오늘이라도 그만두면 끝이지만, 카페 사장은 그때부터 일이 시작됩니다.

그동안 함께 일한 직원 가운데 가장 기억에 남는 이는 현재 제주도에서 '진가커피'를 운영 중인 진영건 사장입니다. 2013년 1월 〈동아일보〉에 난 제 기사를 보고 무턱대고 저를 찾아와 여러모로 어려운 시기에 1년간 동고동락하며 커피를 배우고 갔는데요. 성만큼이나 커피에 진심인 사람입니다. 2014년 4월 제가 모친상을 당했을 때 저 없는 카페를 사흘간 지키기도 했고요. 카페를 찾는 모든 손님에게 정성을 다했던 직원이었습니다. 그가 일을 그만두고 제주도로 내려갈 때 저는 얼마 안 되는 퇴직금을 챙겨줬는데요. 그동안 잘해주지 못해 미안하다며 그를 안고 펑펑 눈물을 흘리기도 했습니다.

사람을 고용한다는 건 어떤 일이 닥칠지 단단히 각오해야 한다는 의미이기도 합니다. 저도 워낙 별의별 직원을 다 경험했기에 이제는 큰 기대도 실망도 안 하는 편인데요. 황당했던 사례가 있어 소개합니다. 오늘 마감까지 잘하고 내일 갑자기 연락이 안 되는 건 기본이고요. 직원의 엄마로부터 연락이 와서 우리 애가 못 나가게 됐다며 월급은 계좌로 넣어달라고 하기도 합니다. 한 직원은 일을 그만두면서 하는 말이 자기 이력서가 필요 없으면 다른 곳에 써야 하니 돌려줬으면 좋겠다고 하더군요. 그는 나중에 실업급여 부정 수령으로 곤란한 처지가 되자 저에게 대신 책임을 져줄 수 있는지 묻기도 했습니다. 지금 생각해도 황당해서 어안이 벙벙하네요. 긴장하세요. 앞으로 여러분들이 경험할 일입니다.

직원들이 그만두기 전 열의 아홉은 신호를 보냅니다. 갑자기 무기력한 모습을 보인다든지 실수를 연발한다든지 등 곧 일이 벌어지겠구나 감이 옵니다. "대표님, 드릴 말씀이 있는데요"라고 하면 틀림이 없죠. 그럼 저는 그동안 고생 많았다며 원하는 대로 퇴직 절차를 밟을 테니 남은 동안 잘해달라고 부탁합니다. 직원이 쓸 수 있는 최고의 카드는 사표입니다. 흔히 기업이라는 곳에서는 정말 중요한 사건이나 더 좋은 기회가 있지 않으면 던지지 않는데요. 카페에서는 수시로 일어납니다.

저처럼 직영 카페가 여러 개 있을 경우 직원의 갑작스러운 퇴직으로 인한 근무 공백은 큰 타격이 됩니다. 커피에 문외한인 아르바이트일지라도 당장 그만두면 남은 직원들의 고생이 이만저만이 아닙니다. 저는 가족까지 동원해 빈자리를 채워야 했습니다. 그렇다고 평소 인력을 보강해 근무를 느슨하게 짜면 어떨까 싶지만, 추가 인건비를 감당할 수가 없어 엄두가 나지 않습니다. 임차료는 고정돼 있으니 줄일 수 없고 결국 인력의 증감으로 비용 조절을 하는 수밖에 없는 것이 카페입니다.

분에 넘치는 호의는 나중에 후회를 남깁니다. 직영 카페 중 하나를 폐점하면서 직원을 퇴사시켜야 하는데 그 직원의 부탁과 제 분에 넘치는 호의 때문에 벌어진 일인데요. 필요가 없는 인력임에도 불구하고 근무표를 느슨하게 만들면서까지 채용을 유지했습니다. 나중에는 갑자기 몸이 아프다는 이유로 2주 만에 급하게 퇴직 요청을 해서 들어줬는데 알고 보니 다른 카페로 이직하기 위해 거짓말을 한 것이었습니다. 처음에는 마음에 상처가 컸으나 이 또한 내가 져야 할 짐인가 보다 생각하며 마음을 바꿨습니다. 분에 넘치는 호의는 호의가 아닙니다.

월말에 퇴직하면 다음 달 초에 4대 보험 탈퇴 신고를 하고 급여와 퇴직금을 정산해 지급해야 합니다. 문제는 월초나 중간에 퇴직하는 경우인데요. 급여는 일할로 계산해서 정산하면 되지만, 4대 보험의 경우 일할이 아니고 1달 치가 나가는 것이어서 중도 탈퇴가 쉽지 않습니다. 만약 월초가 아닌 월 중간쯤에 입사하는 경우는 월말까지 초단기 근로자로 계약하고 다음 달부터 기간제 근로자 계약을 하는 것이 좋습니다. 만약 A라는 직원이 이달 10일에 입사해 다음 달 9일에 나갔다고 가정해 보죠. 딱 1개월을 근무했지만, 최악의 경우 4대 보험은 2개월분이 나갈 수 있습니다.

카페의 경우 사업자는 갑이 아니라 을입니다. 솔직히 직원 눈치를 봐야 하는 사장입니다. 현실적으로 자기가 줄 수 있는 최고시급을 주면서도 직원은 최저시급이라고 생각하는데요. 그들은 언제든 기회가 오면 나갈 생각을 합니다. 실력이 조금 부족한 직원이라도 갑자기 나가면 카페에 피해가 크다는 것을 그 직원도 잘 알고 있습니다. 그래서 직원을 고용한 카페 사장은 마음 편할 날이 없습니다.

4장 09

권고사직 vs. 자진퇴사의 처리 방법

들어올 때는 뼈를 묻겠다 혹은 인생을 걸었다며 입사를 희망하는 직원들이 있습니다. 일부 저의 유명세와 뭔가 배울 게 있을 거라는 기대감 때문에 그렇게 말하는 것인데요. 그러나 이런 말을 하는 사람들의 대부분은 그 약속을 지키지 못하고 떠납니다. 항상 원인은 내부, 즉 자기 자신이 아닌 외부에서 찾는데, 비전이 없다거나 자기가 생각했던 것과 다르다고 말하고 떠납니다. 스스로 그만두는 것이니 자진퇴사지만 문제는 권고사직입니다. 잘 타이르고 이해시키면 탈이 없지만, 그렇지 않으면 두고두고 속을 썩게 됩니다.

권고사직은 카페 사정이 어렵다거나 직원의 근무 태도가 나쁘거나 능력이 현저히 떨어질 때 직원에게 퇴직을 권하는 것입니다. 카페 매출이 급격하게 떨어져 도저히 직원을 채용할 형편이 되지 않을 때는 크게 문제가 되지 않습니다. 직원 역시 내부 사정을 누구보다 잘 알기 때문이죠. 직원이 사직서를 제출하고 카페는 그것을 받아들여 근로관계를 종료하는 것으로 마무리됩니다.

근무 태도, 즉 근태가 나쁜 직원은 어떻게 해야 할까요? 지각이 반복되고 근무시간에 핸드폰을 보고 화장실을 수시로 드나드는 등 누가 봐도 근무 태도가 좋지 않은 직원이 있는데요. 이유를 물어보면 나름대로 다 사정이 있지만 이런 행동이 반복되면 함께 일하기 어려운 상황에 직면하게 됩니다. 5인 미만 사업장이라면 해고 1달 전에 서면이나 문자 등으로 통보하면 됩니다. 만약 당장 내일이라도 바로 내보내고 싶다면 1달 치의 임금을 주면 됩니다. 다만 3개월 미만의 직원의 경우는 해고 예고 규정이 적용되지 않으니 참고하세요.

5인 이상 사업장은 이야기가 달라집니다. 계약기간을 길게 잡으면 안 되는 이유인데요. 인턴 기간을 1~2개월 두고 그 이후에도 계약기간 6개월 단위로 갱신하는 것이 좋습니다. 앞서 언급한 대로 인턴 기간이 끝났더라도 입사 후 3개월이 지나지 않았다면 계약을 해지하더라도 해고예고 규정 준수 의무가 없으므로 문제가 되지 않습니다. 그리고 근로계약 시 이상과 같은 내용을 계약서에 넣어 문서로 만들어야 나중에 탈이 없습니다.

최근 몇 년 간 최저임금 인상으로 소상공인 및 영세 중소기업의 어려움이 가중돼 이를 지원하는 제도, 일자리안정자금이 있습니다. 권고사직으로 직원을 해고하면 정부에서 지급하는 일자리안정자금 자체가 중단될 수 있습니다. 다만 직원의 근태나 카페의 매출 감소 등으로 해고가 불가피한 경우 주무관청에 해명 자료를 제출하면 지원금을 계속 받을 수 있습니다. 권고사직을 하더라도 항상 근거를 남겨야 하는 이유입니다.

간혹 직원이 자진퇴사를 하면서 권고사직으로 처리해줄 수 없느냐고 요청할 때가 있습니다. 이유가 무엇일까요? 바로 실업급여 수급을 위해서인데요. 자진퇴사가 아닌 경우 최대 9개월 동안 실여급여를 지원받을 수 있습니다. 이 금액을 다 합하면 1800만 원 가까이 되기 때문에 상당한 유혹이 됩니다. 물론 실업급여를 받으려면 이직 전 18개월간 고용보험에 180일 이상 가입돼야 하고, 근로 의사가 있음에도 취업하지 못한 상태여야 하며, 자진퇴사가 아니어야 한다는 조건을 충족해야 합니다. 즉, 마지막 조건만 만족하면 실업급여를 받을 수 있기 때문에 직원이 무리한 요청을 하는 것인데요. 자칫하면 카페 입장에서는 일자리안정자금을 받을 수 없으므로 함부로 온정을 베풀면 안 됩니다.

자진퇴사를 하면 반드시 사직원을 받아 놔야 나중에 탈이 없습니다. 정말 간혹 있는 일이지만 자진퇴사임에도 불구하고 권고사직을 당했다며 문제를 삼기도 하는데요. 웃으며 나가면서 나중에 비수를 꽂는 경우죠. 무슨 얘기냐면 본인이 퇴직 후 바로 구직이 안 돼 실업급여를 받으려고 보니 자신퇴사는 조건이 안 되는 겁니다. 퇴직한 회사에 얘기하긴 어렵고 실업급여는 받아야겠고 이런 상황에서 사건이 터지는 겁니다. 사직원을 내지 않았던 기억을 더듬어 권고사직을 당했다고 주장하는 거죠. 자진퇴사 사직원을 받아놨더라면 생기지 않았을 일이죠.

권고사직이든 자진퇴사든 퇴사가 확정되면 사직원부터 받아야 합니다. 퇴직금을 정산하고 4대 보험 해지 등 관련된 업무를 처리하면 일이 마무리됩니다. 간혹 4대 보험 해지를 놓쳐서 퇴직 후에도 공과금을 내야 하는 상황이 발생합니다. 너무 당황하지 말고 이미 해당 직원이 퇴직했음을 사직원 등으로 소명하면 나중에 돌려받을 수 있습니다.

4장 10 퇴직금의 발생 기준과 중간 정산 사유

퇴직금이란 장기근속에 대한 위로와 감사의 의미 그리고 퇴직 후 근로자의 생활 안정 도모를 목적으로 합니다. 카페에서도 1년 이상 근속한 근로자에게는 퇴직금을 지급해야 합니다. 단순히 1년 이상 근무했다고 지급 대상이 되는 것은 아닙니다. 정확히 말하면 주당 15시간 이상 근무한 단기 근로자 이상의 직원만 해당하는 것입니다. 예를 들어 K라는 직원이 3개월 동안은 주당 14시간을 근무하고, 나머지 10개월 동안은 주당 16시간을 근무했다면 퇴직금이 발생할까요? 답은 "네"입니다. 직원 K의 3개월 이후부터 주당 근무시간은 15시간 이상이고, 근속 일수가 13개월이기 때문에 퇴직금은 발생합니다.

지금은 카페에서 1년 이상 근속한 직원에게 퇴직금을 주는 것이 너무 당연합니다. 하지만 2010년 11월 30일까지만 해도 5인 미만 사업장은 퇴직금을 지급하지 않아도 법적으로 강제할 조항이 없었는데요. 같은 해 12월 1일부터 직원이 1명이라도 있으면 1년 이상 근속한 근로자에게는 퇴직금을 지급하라는 근로자퇴직급여 보장법이 적용됐습니다. 요즘도 간혹 급여에 퇴직금을 녹여 지급하거나, 퇴직금을 지급하지 않는 것으로 계약하는데 계약과 관계없이 모두 위법입니다.

퇴직금 중간 정산은 2012년 7월 26일부터 원칙적으로 금지하고 있습니다. 다만 다음의 경우에는 예외적으로 인정하고 있어요. 카페 직원에게 적용할 수 있는 것으로는 무주택자의 전세금 또는 주택 구매, 근로자 또는 그 부양가족이 질병·부상으로 6개월 이상 요양하는 경우 정도입니다. 근로자퇴직급여 보장법 제9조에 따르면 퇴직금이 결정됐다면 그 사유가 발생한 날부터 14일 이내에 지급하도록 규정하고 있습니다. 일부 사업장은 직원의 퇴직금 지급을 거부하거나 미루다 송사에 휘말리기도 합니다. 만약 퇴직금 지급을 거부하면 근로자퇴직급여 보장법 제44조 1호에 의거 3년 이하의 징역이나 2000만 원 이하의 벌금이 부과됩니다. 사업장의 형편이 어려워 퇴직금 지급 기한을 연장하고자 한다면 근로자의 동의를 받고 기한을 연장할 수 있습니다. 다만 지연 일수에 대한 이자 20%를 퇴직금에 가산해 지급해야 합니다.

4장
11

퇴직금 사례와 계산

이제 실제 사례를 들어 퇴직금을 계산해보겠습니다. 4년 넘게 근속한 직원 A가 퇴직을 앞두고 있습니다. 우선 그는 주 15시간 이상 1년 넘게 근무했기 때문에 퇴직금 지급 대상자입니다. 퇴직금 계산을 위한 급여 자료는 다음과 같아요. 최근 3개월 동안 받은 임금은 615만 원, 퇴직 전일로부터 1년간 받은 상여금은 100만 원, 퇴직 전 받은 연차휴가수당은 50만 원, 재직 기간은 4년 8개월 10일(1,710일), 최근 3개월은 91일이라면 퇴직금은 얼마일까요?

1) 최근 3개월 간 임금: 615만 원

2) 상여금: 100×(3÷12)=25만 원

3) 연차휴가수당: 50×(3÷12)=12.5만 원

4) 평균임금: (615+25+12.5)÷91=7.15만 원

5) 퇴직금: (71,500×30×1710)÷365=10,049,200원

즉, 직원 A가 퇴직 시 카페에서 지급할 퇴직금은 10,049,200원입니다. 여기서 문제가 되는 것은 최근 3개월 동안 받은 임금에 중식비와 차량 유지비를 넣을 것인가 아니면 제외할 것인가인데요. 매달 지급했다면 포함하고, 비정기적으로 회사 사정과 출장 목적에 따라 지급했다면 제외합니다. 평소 수당 등은 통상적으로 지급하는 임금이 아님을 직원에게 잘 설명해둬야 분쟁을 미리 방지할 수 있습니다.

위의 예로 알 수 있듯이 중견 기업이 아닌 작은 카페에서 1000만 원이 넘는 퇴직금을 일시에 지급한다는 것은 상당한 부담입니다. 일을 정말 잘하는 직원이 아닌 한 근속연수를 오래 유지하기가 어려운 것이 현실이죠. 대안으로는 평소 퇴직연금에 가입하거나 퇴직금 중간 정산을 하는 것입니다. 퇴직연금은 직원이 1년 이상 근속한 이후에 일시로 1년 퇴직금을 붓고, 그 이후에는 매달 급여의 약 12분의 1만큼 입금되도록 합니다.

5장 기계 관리

01 에스프레소 머신의 구조와 기능

인간의 신체를 머리, 목, 어깨, 팔, 몸통, 다리, 발 등으로 구분하듯이 에스프레소 머신 또한 본체, 그룹헤드, 포터필터, 스팀, 온수, 배수 등으로 나눌 수 있습니다. 우리가 몸이 아프면 의사에게 어디가 어떻게 아프다고 설명할 수 있어야 병의 정확한 증상과 원인 그리고 치료법을 수월하게 찾는데요. 에스프레소 머신도 이상이 발견되면 어느 쪽에 어떤 문제가 있다는 것을 설명할 수 있어야 합니다. 일부 간단한 것은 전화 설명만으로도 현장에서 즉시 해결이 가능하므로 우리의 금쪽같은 돈과 시간을 절약할 수 있습니다.

1884년 안젤로 모리온도(Angelo Mriondo)가 세계 최초의 에스프레소 머신을 발명한 이래 약 140년간 기술적으로 비약적인 발전을 했습니다. 에스프레소 머신은 작동 방식에 따라 크게 증기압식, 피스톤식, 전동펌프식으로 구분할 수 있습니다. 초기 모델은 증기압식이었는데 1945년 아킬레 가찌아(Achille Gaggia)가 피스톤식 에스프레소 머신을 발명하면서 원두의 지방 성분인 크레마라는 추출물을 얻을 수 있었습니다. 그 이후 지금과 같은 전동펌프식은 1961년 훼마사에서 훼마61이라는 모델을 내놓음으로써 가능해졌습니다. 이전의 방식이 물을 끓여 증기압을 이용해 추출하는 것이라면, 이제는 전동펌프가 압력을 가해 추출하는 것으로 더욱 안정적인 추출이 가능해진 것입니다.

에스프레소 머신의 외부 구조는 본체, 그룹헤드와 포터필터로 구성된 추출부, 스팀노즐과 온수 디스펜서가 속한 스팀·온수부, 드립트레이 그릴과 드립트레이로 구성된 배수부, 보일러와 추출 압력을 표시하는 압력게이지, 전원 등으로 구분할 수 있습니다. 여기서 우리가 평소 눈여겨봐야 할 부분은 그룹헤드와 스팀노즐, 그리고 압력게이지입니다. 큰 고장이 아니라면 간단한 처지만으로도 사용할 수 있기 때문에 평소 기능과 이상 유무에 대해 숙지해야 합니다.

추출부는 그룹헤드와 포터필터 그리고 추출버튼으로 구성됩니다. 그룹헤드는 그룹에 개스킷, 샤워홀더, 샤워스크린이 결합된 것으로 그룹의 안 지름은 머신의 종류에 따라 52~58mm까지 다양합니다. 개스킷은 추출을 위해 그룹에 포터필터를 결합할 때 물이 새는 것을 방지하는 것입니다. 샤워스크린은 수백 개의 미세한 구멍이 뚫려 있는 금속망으로 포터필터에 담긴 원두에 물을 고르게 분사해주는 역할을 합니다. 포터필터는 필터홀더와 필터 그리고 둘을 고정하는 스프링과 스파웃으로 구성됩니다. 이것은 분쇄한 커피를 담는 것으로 싱글용과 더블용 2가지 종류가 있습니다.

스팀·온수부는 스팀노즐과 온수 디스펜서로 구성됩니다. 스티밍이란 스팀노즐을 찬 우유에 담가 데우고 섞고 거품을 내는 일련의 작업으로 스팀밸브를 열어 그 양을 조절할 수 있으며 레버형과 다이얼형이 있습니다. 1그룹 머신은 1개, 2그룹 머신은 2개의 스팀노즐이 있습니다. 재질은 보통 스테인리스강이며 스팀이 나올 때 노즐 파이프가 뜨거우므로 화상에 주의해야 합니다. 스팀노즐의 맨 하단부를 스팀팁이라고 하며 구멍의 수는 2~4개이고 필요에 따라 손쉽게 교체할 수 있습니다. 온수 디스펜서에 나오는 온수는 평소 아메리카노를 만들 때 사용하는 용도가 아니라 잔을 데우거나 온수기의 온수가 미처 준비되지 않을 때 잠시 대용으로 쓰는 것입니다.

압력게이지는 대개 추출펌프와 보일러 압력을 표시합니다. 추출펌프의 정상 압력은 9~10bar이며 보일러 압력은 1~1.5bar가 정상입니다. 에스프레소 추출 시 추출펌프의 압력은 올라가고 온수 사용 시 보일러 내의 물이 빠지면서 보일러 압력은 내려갑니다. 만약 두 압력게이지가 정상 압력 범위 밖에 있으면 즉시 사용을 멈추고 전문가와 상담하거나 수리해야 합니다.

에스프레소 머신의 내부 구조는 스팀부, 보일러부, 추출부로 나눌 수 있습니다. 세세한 것까지 알면 더 좋겠지만 우리는 에스프레소 머신 전문가는 아니니 기본적인 구조와 기능에 대해서만 숙지하면 됩니다. 이 가운데 특히 추출부의 펌프모터, 플로미터에 대한 기능을 알아두면 간단한 자가 수리와 적절한 교체 시점을 알 수 있어 도움이 됩니다.

펌프모터는 어찌 보면 에스프레소 머신의 부품 중 가장 중요한 것으로 머신으로 유입되는 1~2bar의 수압을 추출에 적합한 8~9bar로 높여주는 역할을 합니다. 펌프모터는 모터, 헤드, 콘덴서로 구성됩니다.

부품 중 하나가 고장 나거나 헤드 나사가 느슨해지면 정상 압력을 유지하지 못하므로 이상 발견 시 즉시 조치해야 합니다.

플로미터는 말 그대로 물의 양을 감지하는 부품으로 문제가 생기면 추출 시간이 지나치게 길어지거나 짧아집니다. 대개 센서가 고장 나거나 플로미터 내 부품의 구멍이 막힐 때 생기는 증상으로 물의 양을 다시 세팅해도 이와 같은 증상이 반복된다면 플로미터 이상을 의심하고 전문가를 불러 부품을 교체해야 합니다.

복잡해 보이는 에스프레소 머신도 몇 가지로 구분해서 보면 우리 인체의 팔다리처럼 단순화시킬 수 있습니다. 평소 에스프레소 머신의 추출 시간과 압력게이지 그리고 스팀의 양을 관찰해 이상 유무를 확인하는 습관을 지녀야 합니다.

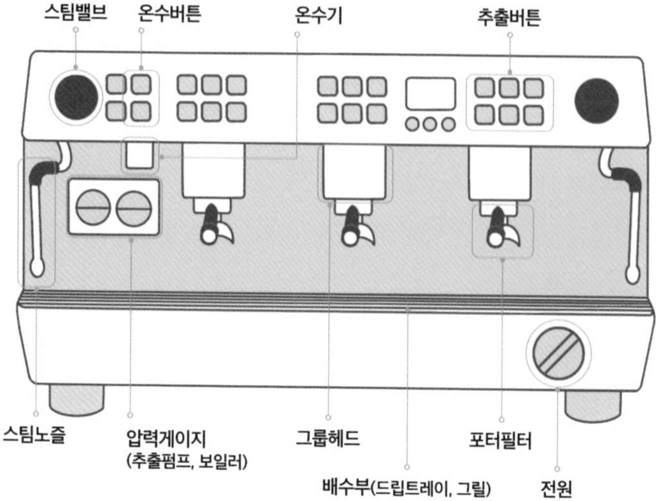

에스프레소 머신 외부

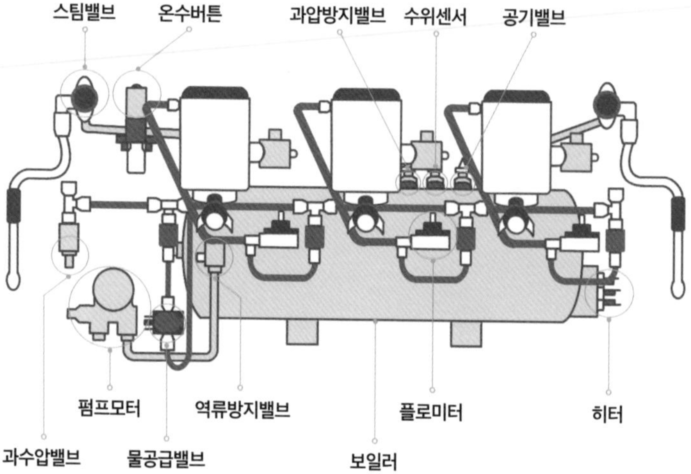

에스프레소 머신 내부

5장 02 에스프레소 머신의 관리와 정비

아무리 좋은 기계라 할지라도 평소 관리와 정비를 소홀히 한다면 얼마 못 가서 잔고장이 생깁니다. 결국 큰돈을 들여 기계를 고쳐야 하는 상황이 발생하죠. 에스프레소 머신 역시 새것이라도 평상시 이상 유무를 체크하고 매일 청소해야 합니다. 또한 오래되고 마모된 부품은 즉시 교체해야 머신의 성능이 발휘되고 안정적인 추출이 가능합니다.

에스프레소 머신의 이상 유무를 점검하는 방법은 외관을 관찰하는 것과 추출 상태를 확인하는 것입니다. 펌프와 보일러 압력게이지가 정상 압력 내에 있는지 온수 디스펜서가 정량의 온수를 공급하는지 스팀 노즐의 스팀팁에서 스팀이 새지는 않는지 확인합니다. 또한 스팀밸브를 열고 잠갔을 때 스팀에 이상이 없는지와 추출 시 세팅된 물량만큼 추출이 되는지를 맨눈으로 확인하는 것이 좋습니다.

에스프레소 머신을 사용하면서 하루도 빠트리지 말아야 할 것은 청소입니다. 청소는 크게 3가지로 구분할 수 있어요. 첫째, 여러 잔을 추출한 후 그룹 안쪽에 묻은 커피 찌꺼기를 솔로 청소하는 것입니다. 특히 연속 추출을 반복하면 그룹 안쪽이 커피 찌꺼기로 오염되므로 반드시 청소해야 깔끔한 커피 맛을 유지할 수 있습니다. 둘째, 매일 마감 후 그룹 내 샤워홀더와 샤워스크린을 약품으로 청소하는 것입니다. 에스프레소 머신 청소 모드에서 약품을 사용하면 샤워홀더와 샤워스크린은 물론이고 그룹 뒤쪽의 미세한 관 내부까지 청소할 수 있습니다. 마지막으로 일주일에 2번 정도 샤워홀더와 샤워스크린을 분해해서 약품에 담가 커피 기름을 녹이고 솔로 깨끗하게 청소하는 것입니다. 특히 샤워스크린의 미세한 구멍에 엉겨 붙은 커피 기름의 제거에 신경 써야 합니다. 그렇지 않으면 샤워홀더를 통과한 물이 샤워스크린의 미세한 구멍을 골고루 통과하지 못해 커피 추출에 나쁜 영향을 줍니다.

에스프레소 머신은 필터홀더나 드립트레이처럼 거의 반영구적으로 사용할 수 있는 것이 있습니다. 반면에 개스킷이나 샤워스크린은 일정 기간 사용 후 교체해야 하는 부품입니다. 교체 부품 가운데는 드라이버와 같은 간단한 장비로 자가 교체가 가능한 것과 펌프모터나 플로미터처럼 기술자를 불러서 교체해야 하는 것이 있습니다.

가장 빈번하게 교체하는 부품은 그룹에 포터필터를 고정했을 때 물이 새는 것을 막아주는 개스킷입니다. 무독성 고무 재질로 돼 있으며 시간과 사용량에 따라 마모되고 경화돼 심하면 잘게 부서지기도 합니다. 반드시 머신 모델에 맞는 정품 개스킷으로 교체해야 이상 없이 오래 사용할 수 있습니다. 간혹 샤워스크린은 반영구적으로 사용하는 것으로 알고 있는 분이 있는데요. 이 또한 시간과 사용량에 따라 새것으로 교체해야 합니다. 미세한 구멍이 커피 기름과 찌꺼기로 막혀 약품을 사용해도 제거할 수 없거나 모서리가 뜯어지기도 합니다. 반드시 규격뿐 아니라 모델에 맞는 정품으로 교체해야 합니다. 흔히 있는 일은 아니지만, 포터필터의 바스켓필터가 터지는 경우가 있는데요. 눈으로는 거의 알 수 없고 추출 시 압력이 가해지면 터진 곳으로 커피가 추출돼 추출 시간이 세팅한 것보다 짧아지게 됩니다. 이 역시 이상이 발견되면 정품으로 교체해야 합니다.

전원이 나가지 않는 한 에스프레소 머신이 갑자기 서는 경우는 거의 없습니다. 저 역시 13년 동안 카페를 하면서 6대의 에스프레소 머신을 사용했지만, 새 제품은 물론이고 중고 가운데도 그런 사례는 없었는데요. 들은 바로는 보일러가 터지는 사고도 있다고 하는데 이는 복권 당첨될 확률 정도이니 너무 걱정하지 마세요.

에스프레소 머신을 사용하다 보면 1년에 1~2번 기술자를 불러야 하는 경우가 있습니다. 특히 중고 머신이 그렇습니다. 가장 빈번한 고장 부품은 펌프모터의 헤드입니다. 정상 추출 압력이 유지되지 않고 과소 압력이 발생하면 헤드 나사를 돌려 조정하면 되는데요. 압력이 낮으면 나사를 시계 방향으로 돌려주고 반대로 압력이 높으면 헤드 나사를 반시계 방향으로 돌려주면 대부분 해결됩니다. 그러나 일시적으로만 회복이 되거나 아예 정상 압력으로 돌아오지 않는다면 기술자를 불러 펌프모터의 헤드를 교체해야 합니다.

과수압밸브는 펌프모터의 수압이 11bar를 넘지 않도록 하는 부품이며, 플로미터는 추출 시 물의 양을 감지하는 것입니다. 이 둘은 간혹 문제가 생기는 부품 가운데 하나인데요. 과수압밸브에 이상이 생기면 배수통으로 연결된 부분에서 물이 흘러나오고 추출 시간이 평소보다 과하게 길거나 아예 안 됩니다. 플로미터에 이상 발생 시 추출 시간이 길어지거나 짧아집니다. 커피 추출이 평소와 다르게 변화가 크다면 두 부품의 이상을 의심하고 전문가를 불러 점검받아야 합니다.

마지막으로 에스프레소 머신 내부를 분해해 스케일을 제거하는 오버홀(Overhaul)입니다. 제품 구매 후 4~5년 정도를 사용하면 보일러와 내부의 미세한 관에 스케일이 쌓이는데요. 이는 정수필터의 질과 교체 주기에 영향을 받습니다. 스케일이 많이 쌓이면 동맥경화처럼 머신의 생명 단축에 영향을 미치기 때문에 오버홀을 해야 합니다. 부품을 분해하고 스케일을 제거하다 보면 일부 부품은 교체해야 하는 일도 있어 제품에 따라 다르지만 150~300만 원 정도의 비용이 발생할 수 있습니다.

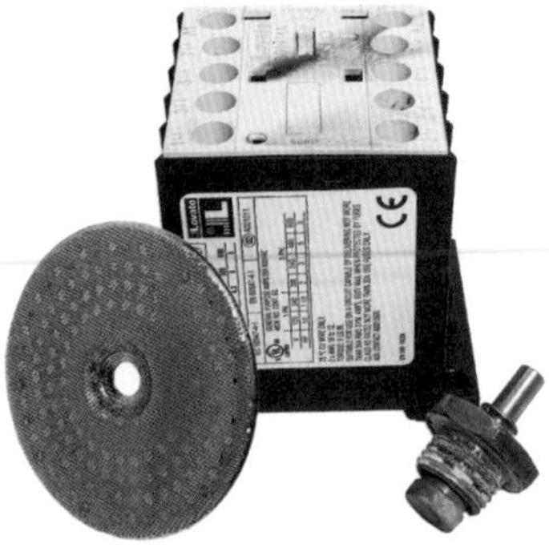

(좌) 샤워스크린 (중) 계전기 (우) 에어밸브

5장 03 에스프레소 머신의 증상에 따른 대처법

카페에서 에스프레소 머신이 고장 나는 것보다 더 당황스러운 일도 없습니다. 일부 치명적인 증상만 아니라면 현장에서 간단한 조치만으로도 해결할 수 있는데요. 다음은 매장 내 에스프레소 머신에서 발생할 수 있는 몇 가지 고장 증상과 원인, 그 조치법입니다. 평소 에스프레소 머신의 고장 증상에 따른 원인과 대처법을 익혀두면 매장 운영에 큰 도움이 되니 숙지하고 있어야 합니다.

1. 전원이 들어오지 않는다면

- 원인: 차단기, 전원 소프트웨어, 머신 전원 PCB에 이상이 있는 경우
- 조치: 차단기 확인, 나머지는 기술자를 불러 점검 후 수리 교환

2. 그룹헤드에서 물이 나오지 않는다면

- 원인: 단수나 수도 밸브가 잠긴 경우, 정수기 불량, 솔레노이드 밸브 이상이 있는 경우
- 조치: 단수 해제나 수도 밸브 열기, 정수필터 교체, 기술자 점검 후 수리 교환

3. 물 온도나 원두의 양과 관계없이 갑자기 커피 추출이 너무 느리거나 빠르다면

- 원인: 펌프모터의 이상이나 압력이 높은 경우

- 조치: 펌프 압력을 조정했음에도 조치가 안 되면 기술자 점검 후 수리 교환

4. 펌프 압력 게이지의 눈금이 8 이하로 나온다면

- 원인: 콘덴서, 펌프헤드, 펌프모터 중 이상이 있는 경우

- 조치: 기술자를 불러 각 부품의 이상 유무를 확인한 후 수리 교환

5. 커피 추출 시 물 양의 변화가 잦다면

- 원인: 과수압 방지 밸브, 플로메타 이상이 있는 경우

- 조치: 기술자를 불러 각 부품의 이상 유무를 확인한 후 수리 교환

6. 보일러가 데워지지 않거나 압력 게이지가 자꾸 떨어진다면

- 원인: 히터, 과열 방지 바이메탈, 보일러 에어 밸브에 이상이 있는 경우

- 조치: 기술자를 불러 각 부품의 이상 유무를 확인한 후 수리 교환

7. 보일러 압력은 정상이나 스팀 노즐에서 스팀이 잘 나오지 않는다면

- 원인: 스팀 노즐이나 스팀 팁이 우유 찌꺼기로 막힌 경우

- 조치: 노즐과 노즐 팁을 뜨거운 물에 불려 청소하거나 전용 약품으로 찌꺼기를 녹임

8. 그룹에 포터필터를 장착 후 추출 시 물이 샌다면

- 원인: 그룹 개스킷 이상이나 불량, 분쇄한 원두의 양이 많은 경우

- 조치: 분쇄한 원두의 양을 줄이고, 해결이 안 되면 개스킷을 새것으로 교체

9. 커피 추출 시 펌프 모터에서 심한 소음이 난다면

- 원인: 물 공급에 이상이 있는 경우

- 조치: 물 공급 밸브나 정수필터를 점검

10. 에스프레소 머신 온수기의 물에서 석회질 가루가 섞여 나온다면

- 원인: 온수기 노즐 필터에 석회질이 쌓였거나 보일러에 스케일이 쌓인 경우
- 조치: 온수기 노즐 필터를 분리한 후 세척하고, 해결이 안 되면 기술자를 불러 점검 후 보일러를 분해 청소

5장 04 에스프레소 머신 그룹 헤드 청소법

밥솥으로 밥을 지은 후 밥솥 내부를 깨끗이 씻는 것처럼 에스프레소 머신도 매일 영업 마감 후에는 청소해야 합니다. 그 가운데 그룹헤드는 적어도 일주일에 2번 이상 분해 후 전용 약품으로 청소해야 하는데요. 다음은 그룹헤드를 분해하고 약품으로 청소하는 방법입니다.

❶ 그룹에서 포터필터를 제거하고 샤워스크린 중앙에 있는 볼트를 전용 드라이버로 반시계 방향으로 돌려 샤워홀더와 샤워스크린 그리고 볼트를 분리한다.

❷ ①에서 분리한 세 가지 부품을 전용 세제가 희석된 뜨거운 물에 담가 충분히 불리고 깨끗이 세척한다.

❸ 그룹헤드 내부의 커피 찌꺼기와 오염된 부분을 전용 브러시로 깨끗이 닦아낸다.

❹ ②에서 세척이 끝난 샤워홀더와 샤워스크린을 원래대로 그룹헤

드에 장착한다.

5 포터필터의 필터바스켓을 블라인드바스켓으로 교체한다.

6 ⑤의 바스켓에 전용 세제를 바스푼으로 1스푼 넣은 후 그룹헤드에 장착한다.

7 머신에 자동 청소 기능이 있는 경우 매뉴얼에 따라 진행하고, 그렇지 않으면 백플러싱 한다.

8 ⑦이 끝나면 포터필터의 블라인드바스켓을 원래대로 필터바스켓으로 교체한 후 그룹헤드에 장착한다.

9 ⑧의 상태에서 추출 버튼을 눌러 내부에 남아 있을지 모르는 약품 잔여물을 제거한다.

그룹 헤드 청소 과정

5장 05

전동 그라인더의 구조와 기능

전동 그라인더는 호퍼와 호퍼 뚜껑, 원두개폐 손잡이, 크기 조절 눈금과 레버, 몸통, 날, 모터, 쿨러, 도저, 도징레버, 포터필터걸이, 받침으로 구성되는데요. 자동식 전동 그라인더의 경우 분쇄한 원두를 담을 공간이 필요 없으므로 도저와 도징레버가 없는 것이 특징입니다.

호퍼는 원두를 보관하는 통으로 그라인더의 종류와 모델에 따라 차이가 있어요. 통상 영업용 전동 그라인더의 경우 1~2kg 내외입니다. 투명한 플라스틱 재질로 돼 있으며 쉽게 깨지지 않으나 안핌 등 일부 모델은 바닥에 떨어뜨리면 파손될 수 있어 주의해야 합니다. 외관과 기능에 비해 의외로 가격이 10만 원 가까이하는 고가의 부품입니다.

원두개폐 손잡이는 검은색 플라스틱 재질로 돼 있으며 호퍼에 담긴 원두를 그라인더 날로 보내는 통로 역할을 합니다. 사용 시에는 열어놓고 청소할 때는 닫아놓는데요. 모델에 따라 개폐 손잡이의 방향이 다릅니다. 안핌은 손잡이가 안쪽으로 들어가 있으면 열린 것이고 오벨과 메쪼는 바깥쪽으로 나와 있어야 열린 것이라 사용 시 주의해야 합니다. 특히 호퍼 청소를 위해 분리할 때 꼭 확인해야 합니다.

전동 그라인더의 몸통은 날, 모터, 쿨러, 도저, 도징레버, 포터필터걸이 등으로 구성되며 부식에 강한 페인트를 칠한 금속 재질로 돼 있습니다. 몸통의 무게는 생각보다 꽤 무거워서 일부 모델은 20kg 가까이 나가기도 합니다. 모터의 무게가 대부분을 차지하며 모터의 고속 회전으로 인한 진동을 잡아주는 역할을 합니다.

원두 분쇄도의 크기를 조절하는 눈금과 레버는 숫자가 클수록 분쇄도가 크며, 반대로 숫자가 작을수록 분쇄도는 작아집니다. 그러나 그라인더 회사에 따라 방향이 다릅니다. 안핌은 반시계 방향으로 갈수록 분쇄도가 커지고, 반대로 오벨과 메쪼는 시계 방향으로 갈수록 분쇄도가 커집니다. 모델에 따라 분쇄도 조절 안전 레버가 있어 레버를 아래로 누르면서 돌려야 분쇄도를 조절할 수 있는데요. 대표적으로 안핌 제품이 그렇습니다.

그라인더의 날은 스테인리스강 또는 티타늄 소재로 돼 있습니다. 날은 평평한 2개의 날이 마주 보고 있는 플랫버와 원뿔 모양의 수날이 암날에 끼워져 있는 코니컬버로 구분합니다. 두 종류의 날 모두 간격이 좁을수록 분쇄도는 작아지고 간격이 넓을수록 분쇄도는 커집니다. 날의 크기는 주로 지름 64mm와 75mm를 많이 사용하며 다른 부품과 달리 사용량에 비례해 교체해야 하는 소모품입니다.

모터는 전동 그라인더의 성능을 결정하는 중요한 부품입니다. 고속 전동 그라인더의 경우 1샷 분량의 원두는 2초 내외이며 2샷은 4초 내외면 분쇄할 수 있는데요. RPM이 높을수록 불가피하게 열이 발생합니다. 분쇄한 원두에 열이 전달되면 맛에 나쁜 영향을 미칩니다. 고가 제품의 경우 모터에서 발생하는 열이 날에 전달되지 않도록 별도의 쿨러가 달려 있습니다.

도저는 분쇄한 원두를 담는 투명한 플라스틱 재질의 통으로 수동식 전동 그라인더에만 있습니다. 손님이 많이 몰리는 피크 타임 때 시간 절약을 위해 도저에 분쇄한 원두를 가득 담아 사용합니다. 시간을 줄일 수 있지만, 분쇄 후에는 산패가 급속하게 진행되기 때문에 추천하는 방법은 아닙니다. 도저 레버 역시 수동식 전동 그라인더에만 있는 부품으로 분쇄한 원두를 포터필터에 담을 때 사용하는데요. 리턴스프링이 달려 있어 앞으로 당겼다가 놓으면 탄성 때문에 원래 자리로 돌아가게 됩니다. 오래 사용하면 리턴스프링의 탄성이 약해지거나 끊어지기 때문에 교체해야 합니다.

(좌) 플랫버 (우) 코니컬버

이외에도 포터필터를 걸 수 있는 포터필터걸이, 도징 시 떨어지는 커피 가루를 받아내는 원두 가루 받침대 등이 있습니다.

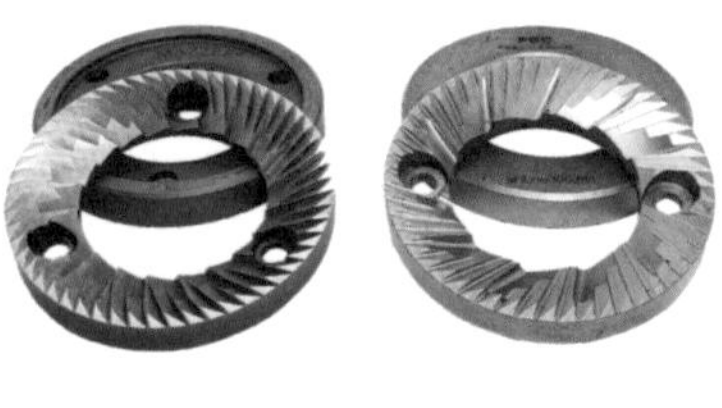
(좌) 스테인리스강 날 (우) 티타늄 날

5장 06 전동 그라인더의 관리와 정비

지금까지 카페를 하면서 저를 가장 곤란하게 한 기계류는 프랑스의 S사, 이탈리아의 M사 등 모두 전동 그라인더였습니다. 그만큼 그라인더는 무척 예민하고 때론 성가신 존재이기에 어느 커피 기계보다 더 많은 관심이 필요합니다. 추출에 있어 바리스타의 역량이 가장 많이 드러나는 것은 그라인더를 다루는 솜씨라고 해도 과언이 아닙니다. 그라인더를 어떻게 관리하고 정비하느냐에 따라 커피의 질이 결정됩니다.

에스프레소 머신의 물량은 처음에 한번 세팅하면 자주 바꿀 일이 없습니다. 전동 그라인더의 분쇄도와 분쇄량은 그렇지 않아요. 볶음도, 볶은 날, 온도, 습도 등에 따라 분쇄도와 분쇄량을 조절해야 합니다. 분쇄도와 분쇄량을 모두 조절하는 방법과 둘 중 하나만 조절하는 방법이 있는데요. 현장 상황에 따라 선택하면 됩니다. 볶음도가 높을수록, 즉 원두가 더 기름질수록 분쇄도는 크게 하고 분쇄량은 적게 해야 하며, 낮을수록 상대적으로 분쇄도는 작게 하고 분쇄량은 많게 조절해야 합니다.

볶은 후 오래될수록 분쇄도는 크게 하고 분쇄량은 적게 하며, 갓 볶은 원두라면 상대적으로 분쇄도는 작게 하고 분쇄량은 많게 조절합니다. 온도와 습도가 높을수록 추출 속도가 느려지므로 분쇄도는 크게 하고 반대로 분쇄량은 적게 조절해야 합니다. 어떤 날은 하루에도 2~3번 이상 분쇄도와 분쇄량을 조절해야 하는 일이 생깁니다.

그라인더 날은 크기와 재질 그리고 사용량과 상태에 따라 1년에 1~2회 교체해야 하는 소모품입니다. 스테인리스강의 64mm 날은 300~400kg의 원두를 분쇄한 후 교체하고, 75mm는 500kg의 원두를 분쇄한 후 교체하면 됩니다. 상대적으로 고가인 티타늄 재질의 날은 스테인리스강에 비해 강성이 월등하게 좋아 약 2~3배 정도 더 많은 원두를 분쇄할 수 있습니다.

전동 그라인더가 고장 나는 경우는 크게 2가지, 모터와 콘덴서입니다. 모터가 고장 나면 아예 회전하지 않기 때문에 이상 유무를 쉽게 알 수 있습니다. 간혹 전원이 메인 하나 서브 하나, 이렇게 2개의 전원이 있는 그라인더가 있으니 고장을 의심하기 전에 혹시 서브 전원이 꺼져 있는지 확인해야 합니다. 콘덴서에 이상이 있으면 '웅' 하고 모터가 돌아가는 소리는 들리나 정작 원두는 분쇄가 되지 않아요. 이는 모터의 동력이 그라인더 날로 전달되지 않기 때문에 발생하는 현상입니다. 콘덴서 교체는 마치 형광등을 갈아 끼우는 것처럼 생각보다 간단한데요. 그라인더 콘덴서 여분을 가지고 있다면 본체 하단을 분리해 새 콘덴서로 교체한 후 역순으로 조립하면 됩니다. 그라인더 콘덴서는 가까운 전파사에서도 구할 수 있으니 스스로 교체해보세요.

전동 그라인더의 분쇄도와 분쇄량 조절표

조건		분쇄도	분쇄량
볶음도	높을수록	크게	적게
	낮을수록	작게	많게
온도	높을수록	크게	적게
	낮을수록	작게	많게
습도	높을수록	크게	적게
	낮을수록	작게	많게
볶은 날	오래될수록	크게	적게
	신선할수록	작게	많게

이상의 내용만 숙지하고 있어도 그라인더 때문에 받는 스트레스를 상당 부분 줄일 수 있습니다. 또한 고장으로 전문가를 불러야 하는 상황을 미리 방지하고, 문제를 어느 정도 스스로 해결할 수 있어 시간과 비용도 절약할 수 있습니다. 무엇보다 중요한 것은 고장이 덜하고 빠른 속도와 일관적인 분쇄도를 자랑하는 전동 그라인더를 구매하는 것입니다.

5장
07

전동 그라인더 청소법

볶은 커피가 담긴 호퍼는 시간이 갈수록 원두에서 기름이 배어 나와 안쪽에 묻게 됩니다. 이 기름이 산소와 만나 산패가 되며, 불쾌한 쓴맛이나 잡미의 원인이 되죠. 이를 방지하기 위해서는 마감 시 호퍼를 본체에서 분리한 후 원두를 비우고 기름기를 연성 세제로 닦아 제거해야 합니다. 세척은 안 하더라도 마른 리넨으로 수시로 호퍼의 기름을 닦아 산패로 인한 커피 맛의 변화를 줄여야 합니다.

그라인더 내부의 날을 청소하는 방법은 두 가지입니다. 몸통에 장착된 상태에서 인체에 해가 없는 알약 형태의 전용 약품으로 청소를 하는 것과 날을 분리해 솔로 커피 찌꺼기를 털어내고 마른 리넨으로 기름을 닦아내는 것입니다. 이때 주의할 것은 약품으로 청소 시 미세한 약품 가루가 그라인더 내에 남아 있을 수 있어 분쇄한 원두를 충분히 빼내야 합니다. 그리고 그라인더 날을 몸통에서 분리할 때 자칫하면 드라이버로 날이 손상될 수 있으니 주의해야 합니다.

약품 청소법(필요에 따라 월 2~4회)

❶ 호퍼에 담긴 원두를 비우거나 호퍼를 닫아 본체에서 분리한다.

❷ 그라인더 날 가운데에 청소 전용 알약을 70~80g 넣는다.

❸ 호퍼를 분리했으면 그라인더 작동 시 알약이 위로 튀지 않도록 위쪽을 덮는다.

❹ 평소보다 그라인더 날의 간격을 충분히 넓혀주고 그라인더를 작동시킨다.

❺ 그라인더 내부와 날에 묻은 알약 가루가 제거하기 위해 그라인더를 작동시켜 원두를 2~3회 분쇄한다.

❻ 그라인더 내에 아직 알약 가루가 남아 있다면 ⑤의 과정을 반복한다.

❼ 호퍼를 분리했다면 다시 본체와 결합하고 원두를 채운다.

❽ 그라인더 날의 간격을 조절하면서 에스프레소 추출에 적합한 분쇄도로 세팅한다.

날 분해 청소법(필요에 따라 연 2~4회)

❶ 안전사고 예방을 위해 전동 그라인더의 전원을 끄고 플러그를 콘센트에서 제거한다.

❷ 호퍼에 담긴 원두를 비우거나 호퍼를 닫아 본체에서 분리한다.

❸ 입자조절 캡을 반시계 방향으로 돌리면서 본체에서 분리한다.

❹ 입자조절 캡에 고정된 날을 드라이버를 사용해 조심스럽게 분리한다.

❺ 본체에 고정된 날을 드라이버를 사용해 조심스럽게 분리한다.

❻ ④와 ⑤에서 분리한 날에 묻은 커피 가루와 기름을 칫솔과 리넨으로 닦는다.

❼ 입자조절 캡과 본체의 나사 선에 묻은 커피 가루와 기름을 칫솔과 리넨으로 닦는다.

❽ 진공청소기로 도저와 그라인더 내부 구석구석에 묻은 커피 가루를 제거한다.

❾ 입자조절 캡과 본체에 날을 결합하고 원래 상태로 조립한다.

❿ 그라인더 날의 간격을 조절하면서 에스프레소 추출에 적합한 분쇄도로 세팅한다.

전동 그라인더 분해

5장
08

제빙기의 구조와 기능

물을 얼려 일정한 모양의 얼음을 만들어내는 기계를 제빙기라고 합니다. 용도에 따라 영업용과 가정용이 있습니다. 사시사철 '얼죽아'라면 사족을 못 쓰는 대한민국에서 제빙기 없이 카페를 한다는 것은 자동차 없이 개인택시를 한다는 것만큼 상상할 수 없는 일입니다. 얼음의 모양과 크기에 따라 큐빅, 레귤러, 다이스(주사위), 하프 다이스 등으로 구분하기도 합니다.

제빙기에서 얼음이 만들어지는 과정 중 중요한 역할을 하는 주요 부품으로는 컴프레서, 콘덴서, 확장밸브, 증발기를 들 수 있습니다. 흔히 압축기라고 알려진 컴프레서는 저온·저압의 냉매를 모터의 회전으로 고온·고압의 가스 상태로 압축시키는 역할을 합니다. 흔히 제빙기가 고장 났다고 하면 컴프레서의 이상을 가장 많이 의심합니다. 콘덴서는 응축기라고도 하며 컴프레서에서 압축된 고온·고압의 가스를 외부로 열을 방출해 액화 가스로 만드는 장치인데요. 가느다란 관이 여러 층으로 꺾여 있고 팬이 달린 장치입니다. 주로 이곳에 먼지가 많이 쌓여서 주기적으로 청소하지 않으면 기능 저하 및 고장의 원인이 되기도 합니다. 확장밸브는 콘덴서에서 액화된 가스의 압력을 낮추고 팽창시키는 역할을 합니다. 에바 또는 냉판이라고 부르는 증발기로 유입된 가스가 물을 기화시키면서 주위로부터 열을 흡수해 냉각되는 과정에서 얼음이 만들어집니다. 냉판에서 얼음이 다 만들어지면 냉판의 온도를 높여 얼음이 저장고로 떨어집니다. 이 과정을 반복함으로써 저장고에 얼음이 가득 차게 됩니다.

요즘 나오는 거의 모든 제빙기에는 얼음 양 감지 센서가 있습니다. 일정 수준 이상의 얼음이 만들어지면 얼음의 생산을 중단시키는 장치로, 제빙기 좌측 또는 우측 상단에 가로로 된 금속 봉이 그것입니다. 만약 이 센서 위에 얼음이 하나라도 있으면 저장고에 얼음이 가득 차지 않았음에도 불구하고 제빙기가 작동하지 않습니다. 그럴 때는 금속봉 위에 있는 얼음을 제거하면 다시 정상적으로 얼음을 만듭니다.

제빙기는 고압의 가스를 어떻게 냉각시키느냐에 따라 공랭식과 수랭식으로 구분합니다. 공랭식은 외부의 공기로 고압의 가스를 액화시키는 것으로 공랭 콘덴서가 그 역할을 합니다. 공기로 열을 식히기 때문에 소음이 크고 뜨거운 열기를 뿜어냅니다. 수랭식에 비해 전기료 부담이 크다는 단점이 있으나, 수도 요금이 적게 나온다는 장점도 있어요. 수랭식은 물로 고압의 가스를 액화시키는 것으로 수랭 콘덴서가 그 역할을 합니다. 물로 열을 식히기 때문에 물 소비량이 많아 수도 요금이 많이 나온다는 단점이 있지만 공랭식에 비해 설치 환경의 제약을 덜 받고 소음이 적으며 전기료 부담이 낮다는 장점이 있습니다.

제빙기를 설치할 때 가장 주의할 것은 배수 연결부의 높이가 배수구보다 높아야 한다는 것입니다. 간혹 이를 간과해 얼음이 녹은 물이 배수구로 나가지 못하고 역류해 제빙기 바닥에 쌓이기도 하는데요. 만약 제빙기 저장고 바닥에서 뽀글뽀글 물방울이 올라오거나 저장고 바닥에 물이 흥건하다면 배수 연결부의 배수관이 위로 꺾여 있거나 배수구보다 낮아 발생한 현상입니다. 위생적으로 좋지 못하니 반드시 조치해야 합니다.

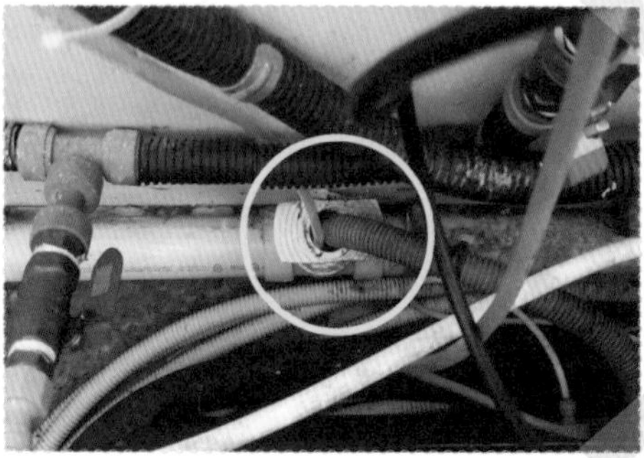

제빙기 배수구

5장
09

제빙기의 관리와 정비

제빙기의 수명은 얼마나 될까요? 5년? 아니면 10년? 과거 집에서 쓰던 냉장고와 세탁기는 사용 환경에 따라 10~20년까지 멀쩡하게 작동했지만 희한하게 기술이 더 좋아진 요즘은 그렇지 못합니다. 이것은 비단 제빙기만의 문제가 아니고 자동차, 스마트폰 등 우리 주변의 모든 기계류가 해당합니다. 기술은 과거보다 더 좋아졌지만, 부품은 덜 튼튼하게 만드는 것 같다는 의심은 저만의 생각일까요? 제품의 생명 주기가 길수록 그것을 만드는 기업의 채산성은 떨어지기 때문에 몇 년 안에 주요 부품이 고장 나도록 설계한 것은 아닐까 의심합니다.

결국 우리는 제품을 사용하는 입장이니 더욱 꼼꼼하게 관리하고 정비함으로써 고장 없이 오래 사용하는 것 외에는 달리 방도가 없습니다. 제빙기 역시 내외부의 주기적인 청소와 정수필터의 교체 그리고 사용 환경을 점검하고 개선함으로써 고장 빈도를 줄이고 얼음 생산량을 극대화할 수 있습니다.

과거 지인의 카페에 갔다가 경악을 금치 못한 일이 있었습니다. 다름 아닌 제빙기 콘덴서에 쌓인 먼지 때문이었어요. 먼지라기보다는 마치 먼지를 가장한 솜이불처럼 보였습니다. 카페가 추운 것도 아닌데 왜 콘덴서는 이불을 덮고 있었을까요? 특히 공랭식 제빙기의 경우 이런 일이 빈번합니다. 콘덴서에 먼지가 과도하게 쌓이면 이 때문에 드라이 필터가 막힙니다. 그 발열로 결국 제빙기에서 가장 비싼 부품인 컴프레서가 고장 나게 되죠. 단지 청소를 안 했을 뿐인데 제빙기의 기능이 떨어지고 결국 얼음 생산을 못 하는 지경이 됩니다.

제빙기 외부 청소가 기능 저하와 고장을 방지하는 것이라면 내부 청소는 온전히 위생을 위해서입니다. 여름철 아이스 음료를 먹고 간혹 배가 아픈 것은 차가운 얼음이 원인이기도 하지만, 청결하지 않은 얼음 때문이 아닌가 의심하게 됩니다. 제빙기 내부를 손님에게 보여줄 수 있는 카페라면 믿고 가셔도 됩니다.

제빙기 내외부 청소 다음으로 신경 써야 할 것은 정수필터의 관리입니다. 정수필터는 크게 에스프레소 머신용과 식수용으로 나뉩니다. 뒤에서 더 자세하게 설명하겠지만, 정수필터는 모델마다 정수 용량이 적혀 있습니다. 제빙기만 단독으로 물린 정수필터라면 적어도 1년에 1번, 정수기와 함께 사용한다면 6개월에 1번은 새것으로 교체해야 합니다. 즉, 정수기와 제빙기를 함께 사용하는 정수필터라면 더 자주 교체해야 안전한 식수와 깨끗한 얼음을 기대할 수 있습니다.

5장 10

제빙기 청소법

주기적으로 제빙기 내부를 청소하지 않으면, 물때가 잘 끼고 심한 경우 곰팡이가 번식할 수 있어 위생적으로 좋지 않습니다. 제빙기 청소를 여름철에만 하는 것으로 아는 분들도 있는데요. 절대 그렇지 않습니다. 겨울이라도 그 내부는 습하고 축축해서 세균과 곰팡이가 번식하기에 충분합니다. 제빙기는 적어도 1~2주에 1번 전용 살균제와 소독제로 청소해야 먹기에 안전한 얼음을 기대할 수 있습니다.

제빙기 내부 청소법

❶ 우선 제빙기의 전원을 끄고 물 공급을 차단하기 위해 정수필터의 레버를 잠근다.

❷ 내부의 얼음을 비우고 상단 저수조 밑의 실리콘 마개를 빼 고인 물을 제거한다.

❸ 저수조 상단의 플라스틱 커튼을 고정한 너트를 풀어 몸체에서 분

리한다.

4 분리한 플라스틱 커튼은 연성 세제를 푼 미지근한 물에 담가 불린 후 물때 등을 제거한다.

5 전용 살균제를 제빙기 내부 구석구석에 골고루 뿌린다.

6 저장고와 저수조에 낀 물때 등을 부드러운 수세미로 닦는다.

7 저수조 위쪽의 냉판이나 물 분사봉에 낀 물때 등을 부드러운 수세미로 닦는다.

8 깨끗한 물로 제빙기 내부에 남아 있는 살균제를 제거한다.

9 제빙기 내부가 충분히 깨끗해질 때까지 ⑧을 3~4회 반복한다.

제빙기 청소 과정

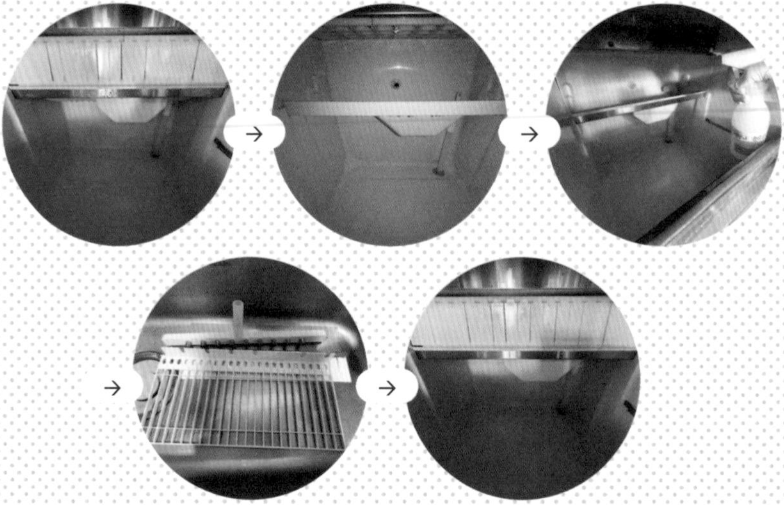

⑩ 인체에 무해한 전용 소독제를 저장고와 저수조 등에 골고루 뿌린다.
⑪ 분리한 플라스틱 커튼을 다시 저수조에 조립한다.
⑫ 저수조 하부의 실리콘 마개를 다시 꽂는다.
⑬ 정수필터의 레버를 연 후 제빙기 전원을 켠다.
⑭ 얼음이 1회 생성되고 다 떨어지면 바닥에 쌓인 얼음을 다 버린다.
⑮ ⑭를 2회 반복한다.
⑯ 미지근한 물을 저장고 내부에 부어 충분히 씻는다.
⑰ 이후부터 생성된 얼음은 사용해도 무방하다.

5장 11 정수필터의 종류와 교체 주기

보통 물의 성질을 이야기할 때 '무색', '무미', '무취하다'라고 합니다. 그러나 저는 이 3가지 성질 중 적어도 '무미하다'라는 말에는 동의할 수 없습니다. 우리가 물 소믈리에는 아니기에 물맛에 대해 이렇다 저렇다 정확하게 표현할 수는 없지만, 한 모금만 마셔도 맛의 좋고 나쁨과 목 넘김의 부드럽고 거친 것 정도는 단박에 구분할 수 있기 때문입니다.

카페에서 사용하는 물은 바닷가나 산속이 아닌 이상 수돗물입니다. 이 물을 직수로 에스프레소 머신에 연결하면 어떻게 될까요? 단지 하루 이틀 만에 갑자기 기계가 멈추거나 추출에 크나큰 문제를 일으키는 것은 아닙니다. 하지만 시간이 지날수록 보일러와 기계 내부의 미세한 관에 스케일이 쌓여 결국 고장의 원인이 되거나 기계의 수명이 짧아질 수 있습니다. 이를 방지하고 좋은 물맛을 위해 정수필터를 사용합니다.

정수필터는 사용 목적과 필터의 종류에 따라 몇 가지로 구분할 수 있습니다. 우선 에스프레소 머신에 적합한 머신용 필터와 냉온수 디스펜서와 제빙기 등에 사용하는 식수용 필터가 있는데요. 정수 방식에 따라 필터의 종류를 구분하기도 합니다. 대부분 정수기에 사용하는 역삼투압 방식, 저렴하고 정수량이 많을 때 쓰이는 중공사막 방식, 비릿한 물내나 보이지 않는 색소까지 잡아주는 활성탄 방식이 예입니다.

정수필터는 저렴한 3~4만 원부터 20만 원이 넘는 고가 제품도 있습니다. 아무래도 비싼 제품이 정수 품질이 좋겠지만, 그렇다고 무조건 가장 값비싼 제품을 사는 것 또한 옳은 선택이 아닙니다. 마치 영업용 국산 중형 택시에 엔진 보호와 출력 향상을 위해 고급 휘발유를 넣는 것과 같습니다. 정수필터 역시 머신용이라면 에버퓨어 MH-2나 파라곤 SR6 등이면 충분하고요. 제빙기나 정수기를 위한 식수용으로는 에버퓨어 MC-2나 파라곤 CB6 또는 플럭스 CS2 정도면 됩니다. 다만 고가의 하이엔드급 에스프레소 머신이라면 브리타 C150과 같은 급의 정수필터를 선택해야 합니다.

우리가 가장 많이 들어봤을 역삼투압 방식의 정수필터는 막 표면의 기공이 0.001㎛입니다. 사람 머리카락 굵기의 100만 분의 1 정도로 작아요. 덕분에 각종 바이러스와 대장균 그리고 무기물질을 걸러낼 수 있습니다. 지하수를 걸러내는 용도로 역삼투압이 좋은 이유죠. 다만 사람에게 유익한 일부 무기물질까지 정수하기 때문에 좀 밋밋한 물맛이 난다는 단점이 있습니다. 정수된 물의 pH를 측정하면 7 이하로 우리 몸의 pH7.3보다 낮은 약산성으로 건강에 좋지 않을 수 있습니다.

이름도 특이한 중공사막은 사실 신장 투석 환자를 위한 의학용으로 개발된 것입니다. 나중에 물을 걸러내는 데도 효과적이어서 정수필터 방식의 하나로 자리 잡았습니다. 막 표면의 기공이 0.01㎛로 역삼투압 방식보다 10배 크기 때문에 무기물질은 통과시키고 세균은 걸러낼 수 있습니다. 필터의 가격이 상대적으로 저렴하고 단위 시간당 정수량이 많아서 주로 가정에서 많이 쓰입니다. 무기물질을 걸러내지 못해 지하수나 노후화된 배관에는 적합하지 않다는 단점이 있습니다.

정수필터 설치

마지막으로 활성탄 필터는 막 표면의 기공 크기가 0.2㎛로 중공사막보다 20배 이상 크기 때문에 단지 미세입자만 걸러낼 수 있습니다. 인체에 해로운 세균 또는 박테리아의 경우는 필터를 통과하기 때문에 별도의 장비, 자외선램프가 필요합니다. 이 장비를 달면 활성탄 필터를 사용해도 해로운 세균과 박테리아를 99.9% 제거할 수 있습니다. 무엇보다 활성탄의 가장 큰 장점은 비릿한 물맛을 내는 성분과 보이지 않는 색소까지 잡아낸다는 것이죠. 기공이 훨씬 작은 역삼투압에 비해 물맛이 더 좋습니다. 다만 지하수를 걸러내는 데는 적합하지 않으니 사용해서는 안 됩니다.

제아무리 좋은 타이어라도 사용 시간과 주행 거리에 따라 새것으로 교체를 해야 제 기능을 합니다. 정수필터도 사용 시간과 사용량에 따라 제때 교체해야 합니다. 에스프레소 머신의 경우 하루에 원두 2kg 이상을 사용한다면 6개월 이내에 교체하고, 적어도 1년 주기로 교체하는 것이 머신의 수명과 좋은 커피 맛을 유지할 수 있습니다. 식수용도 1개의 필터로 제빙기와 정수기 그리고 냉온수 디스펜서를 함께 쓴다면 6개월 단위로 교체해야 합니다. 제빙기 1개, 정수기와 냉온수 디스펜서 1개를 쓴다면 1년에 1번은 교체해야 음료의 위생과 물맛을 위해 좋습니다.

간혹 사용량이 적어 정수필터를 1년 이상 교체하지 않고 사용하는 예도 있는데요. 결국 나중에 머신 내부의 관에 스케일이 쌓여 오버홀을 하느라 더 큰 돈이 듭니다. 정수필터는 사용량과 관계없이 무조건 1년에 1회 이상은 교체해야 한다는 것을 잊지 말아야 합니다.

5장 12 냉온수 디스펜서의 이해와 관리

흔히 온수기라고 하는 냉온수 디스펜서는 이제 어느 카페를 가든 흔히 볼 수 있는 커피 기계입니다. 그런데도 이 기계가 카페에 꼭 필요한 것인가에 대해 의문을 제기할 수 있습니다. 냉수는 싱크대의 정수 꼭지에서 받아서 쓰면 되고, 뜨거운 물은 전기포트로 끓여 쓰면 되는 게 아닌가 생각할 수 있습니다. 사실 냉온수 디스펜서를 쓰는 목적은 냉수가 아닌 온수에 있어요. 한가한 핸드드립 카페가 아닌 이상 피크 타임 때 손님이 몰리면 그때마다 물을 끓여 적시에 손님 응대를 할 수 없기 때문입니다.

냉온수 디스펜서는 크게 수동과 자동으로 구분할 수 있습니다. 사람의 손으로 레버를 당겨 필요한 만큼 물을 쓰는 것은 수동이고요. 사전에 물 양을 세팅해 버튼을 누르면 그때마다 정해진 양이 나오는 것은 자동입니다. 수동은 꼭지가 1개 또는 2개가 있고 꼭지가 1개만 있는 것은 온수만 출수할 수 있으며, 꼭지가 2개 있는 것은 한쪽에서는 온수 그리고 다른 쪽에서는 냉수가 나옵니다. 자동의 경우는 꼭지가 2개 또는 3개가 있습니다. 2개가 있는 것은 냉온수를 각각 다른 꼭지에서 출수할 수 있으며, 3개가 있는 것은 중앙에 꼭지가 1개 더 있어 수동으로 온수만 쓸 수도 있습니다.

수동 냉온수기는 자동에 비해 상대적으로 가격이 저렴하고 기능이 단순하다 보니 사용법이 쉽고 고장도 덜납니다. 냉온수기의 전원 플러그를 뽑지 않는 이상 한번 세팅한 온도는 저장됩니다. 마감 후 전원을 꺼도 다음 날 전원을 켜면 정한 온도에 이를 때까지 자동으로 물의 온도를 높여줍니다. 사람의 손으로 물의 양을 조절할 수 있어 필요한 물의 양을 눈으로 확인하면서 정확하게 출수할 수 있다는 장점이 있습니다.

수동 냉온수기는 손님이 적으면 아무 문제가 없으나 몰릴 때는 굉장히 불편합니다. 커피를 추출하면서 눈으로 출수 양을 보며 컵에 냉온수를 준비해야 하므로 일이 더딜 수 있어요. 꼭지 레버를 오래 사용하면 그 안에 들어 있는 스프링의 탄성과 개폐 장치의 부품에 문제가 생겨 잠겨 있는 상태에서도 물이 한 방울씩 떨어지기도 합니다.

자동 냉온수기의 가장 큰 장점은 사용하기 편리하다는 것과 단위 시간당 정한 양의 물을 출수할 수 있다는 것입니다. 냉온수 꼭지 밑에 컵을 놓고 버튼만 누르면 물이 나온 뒤 자동으로 멈춰서 그 시간 동안 커피를 추출하거나 손님을 응대하는 등 다른 일을 할 수 있습니다. 요즘 출시되는 대부분 제품이 온수의 경우 저장고 용량만큼 연속 추출이 가능해 여러 잔의 따뜻한 아메리카를 적시에 준비할 수 있습니다.

자동 냉온수기는 수동에 비해 상대적으로 고가라는 점이 가장 큰 단점입니다. 이외에도 수동에 비해 고장률이 높다는 것과 일부 터치 모델의 경우 LCD 패널에 문제가 생기면 교체 비용이 만만치 않다는 단점도 있습니다. 더 큰 문제는 터치 패널에 문제가 생기면 아예 사용할 수 없다는 것입니다. 외관상으로는 터치형이 버튼형보다 더 세련되고 고급스러워 보이지만, 안정적으로 사용하기에는 버튼형이 낫습니다.

수동과 자동은 사용하고자 하는 사람의 환경과 제품의 선호도에 달린 것이지 어떤 것이 더 좋다고 말할 수 없습니다. 다만 제품의 선택에 있어 공통으로 적용할 수 있는 것은 충분한 온수의 저장 용량, 일정한 냉수의 수압, 수위 센서 등 각종 부품의 내구성, 내부식성, 사용하기 편리한 전면의 인터페이스 등입니다. 무엇보다 가장 중요한 것은 제품을 잔 고장 없이 적어도 5년 이상은 사용할 수 있어야 한다는 것입니다. 아마 카페를 하게 되면 냉온수기 때문에 골치 좀 썩을 수 있어요. 단순하게는 수압 문제로 냉수가 일정하게 출수되지 않는 것입니다. 진짜 문제는 수위 센서나 솔레노이드 밸브 등의 하자 때문에 발생하는 누수입니다. 사용량과 빈도에 따라 신품 구매 후 1년 안에도 누수가 발생할 수 있습니다.

수동과 자동, 어떤 회사의 제품을 선택하더라도 완벽한 것은 없습니다. 사용 시 주의사항을 숙지하고 항상 조심스럽게 사용해야 고장률을 줄일 수 있어요. 반드시 정수필터의 교환 주기를 지켜야 그나마 냉온수기 내부의 저장고나 관에 스케일이 덜 생기고 손님에게 더 깨끗하고 안전한 음료를 제공할 수 있습니다.

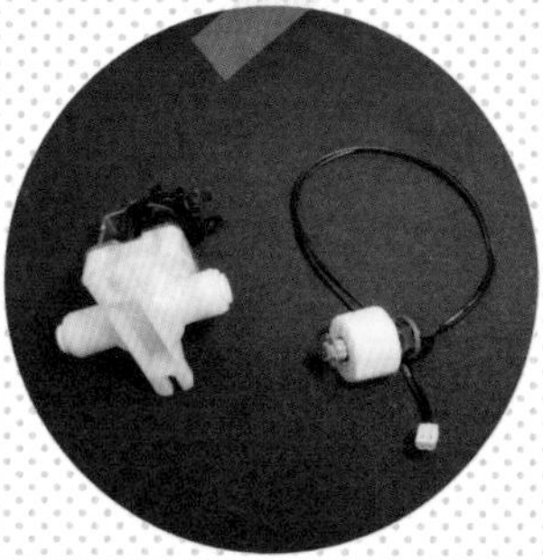

(좌) 솔레노이드 밸브 (우) 수위 센서

수동

자동(꼭지 2개)

자동(꼭지 3개)

냉온수 디스펜서의 종류

5장 13 냉장고 및 쇼케이스의 이해와 관리

신선식품을 보관하는 데 없어서는 안 될 냉장고는 가정뿐만 아니라 카페에서도 반드시 갖춰야 하는 전자제품입니다. 냉장고의 기본 원리는 액체가 기화할 때 주변으로부터 열을 흡수하는 성질을 이용한 것입니다. 무더운 여름철 팔을 씻으면 물기가 마르면서 팔이 시원해지는 것과 같은 현상입니다. 카페에서 주로 쓰는 것은 테이블형 냉장고이며, 전면 도어가 2개라면 대개 냉동 기능까지 갖춘 제품이죠. 냉장고와 비슷한 기능을 하는 것으로는 쇼케이스가 있습니다. 이름에서 알 수 있듯이 전면 또는 사면이 강화 유리로 돼 있어 내부가 훤히 보인다는 특징이 있는데요. 쇼케이스 역시 정식 명칭은 쇼케이스 냉장고이며, 음료용과 제과용이 있습니다.

테이블형 냉장고는 보통 카페 바 아래에 넣어 사용합니다. 외부로 돌출이 되지 않기 때문에 깔끔하고 바에서 동선을 줄이는 데 도움이 됩니다. 아무리 테이블형이라고는 하지만, 기본 높이가 있어서 바 아래에 매립을 하면 바가 지나치게 높아진다는 단점이 있습니다. 냉동고 기능까지 있는 경우 폭이 넓어서 작은 평수의 카페 매장에는 적합하지 않아요. 이런 경우 냉동고를 별도로 구매해 사용하는 것도 하나의 대안입니다.

음료용 쇼케이스 냉장고는 이름에서 알 수 있듯이 냉장 기능만 있습니다. 단열이 잘된 테이블형 냉장고에 비해 상대적으로 냉장 기능은 조금 떨어지지만 사용하는 데는 전혀 문제가 없어요. 음료용은 전면이 유리로 돼 있어 내부에 어떤 제품이 있는지 눈으로 확인할 수 있어 제품 사용 및 재고 관리에 도움이 됩니다. 테이블형에 비해 수명이 짧지만, 가격은 반 이하에 불과해 공간만 확보된다면 음료용 쇼케이스 냉장고를 사용하는 것도 나쁘지 않습니다.

보통 작은 크기의 제과용 쇼케이스는 바 상단에 올려놓고 쓰거나 바 옆에 설치해 사용합니다. 테이블형과 음료용 냉장고에 비해 냉장 기능은 조금 떨어지지만, 제품의 신선도 유지와 전시 기능을 극대화한 제품입니다. 간혹 바 하단에 매립해 사용하는 분들이 있습니다. 내부에서 발생하는 열이 원활히 빠져나가지 못하면 냉장 기능이 떨어지는 것은 물론 컴프레서 등 부품에 무리가 가서 고장의 원인이 됩니다. 저도 과거 한때 공간 사용의 극대화를 위해 바 아래에 매립했다가 컴프레서가 고장 나서 수리비로 30만 원이 넘는 돈을 쓴 경험이 있습니다.

만약 테이블형 냉장고를 구매할 의향이 있다면 가격이 좀 비싸더라도 B사의 제품이 W사보다 훨씬 좋습니다. 제품의 소재는 물론이고 디자인 그리고 무엇보다 고장이 거의 없다는 게 장점인데요. 녹이 슬지 않는 고급 스테인리스강을 사용해 10년이 넘는 세월이 지나도 녹슨 곳 하나 없이 여전히 멀쩡합니다. 전체적인 마감이나 디자인 또한 W사 제품에 비해 훨씬 세련됩니다. 제가 13년 전에 구매한 테이블형 냉장고를 지금까지 단 한 번의 고장 없이 잘 쓰고 있어요. 앞으로도 몇 년간은 문제가 없어 보입니다. 단점이라면 W사에 비해 가격이 2배 가까이 된다는 것입니다.

음료용 쇼케이스는 제품의 품질에 큰 차이가 없어 어느 특정 회사 제품이 좋다고 말하기는 어렵습니다. 과거에는 특정 술과 음료를 파는 경우 해당 회사에서 무상으로 제공하기도 했는데요. 카페에는 해당하지 않으니 유상으로 구매해 사용해야 합니다. 디자인 역시 크게 다르지 않아 구매 후 사후 서비스를 얼마나 잘 받을 수 있는지 부품 교체 시 비용은 어느 정도 드는지 등을 알아본 후 구매하는 것이 좋아요. 제과용 쇼케이스의 경우 Y사 제품이 유명합니다. 음료용 쇼케이스에 비해 가격이 2배 가까이 되며, 사용자와 환경에 따라 다르기는 하지만 고장이 더 잘 난다는 단점이 있어요. 아무래도 사면 또는 바닥을 제외한 5면이 유리로 돼 있어 단열이 쉽지 않다는 것이 태생적인 한계입니다.

테이블형 냉장고는 물론이고 쇼케이스 냉장고 역시 사용 시 가장 주의할 점은 환기입니다. 설치 시 뒷면과 좌우의 간격을 15cm 이상 여유를 두는 것이 좋아요. 특히 쇼케이스의 경우 바 아래에 매립을 한다면 반드시 공기 순환이 되도록 충분한 공간을 확보해야 합니다. 만약 앞면을 유리로 막으면 열이 빠져나가지 못해 제품에 무리가 갑니다. 모든 냉장고의 문제지만 쇼케이스 냉장고의 경우 문이 장시간 열려 있으면 고장의 원인이 되니 근무 중이나 퇴근 시 꼭 문단속에 신경 써야 합니다.

쇼케이스 냉장고

쇼케이스 냉장고

테이블 냉장고

5장 14 냉난방기의 이해와 관리

흔히 에어컨이라고 하는 냉방기와 히터라고 하는 난방기를 합쳐 냉난방기라고 합니다. 요즘은 하나의 제품이 냉난방 2가지 기능을 다 하기 때문에 별도의 제품을 구매할 필요는 없는데요. 그런데도 카페의 크기와 환경에 따라 에어컨과 히터를 단품으로 구매해 설치하는 것도 나쁘지 않습니다. 저 역시 과거에 에어컨 1대와 가스히터 1대로 무더운 여름과 추운 겨울을 지낸 적이 있는데 돌이켜 보면 냉난방기 1대를 쓰는 지금보다 더 효과적이었던 것 같습니다.

카페 공사 시 내부 인테리어 다음으로 큰 비용이 드는 것은 냉난방기 공사입니다. 최근 추세는 천장 높이가 충분하다면 천장형 냉난방기를 설치하는데요. 입식 냉난방기에 비해 공간을 더 효율적으로 사용할 수 있다는 점과 냉난방을 골고루 할 수 있다는 장점이 있습니다. 특히 카페 공간이 넉넉지 않으면 거의 예외 없이 천장형 냉난방기를 선택하는데 장점만 있는 것은 아닙니다.

천장형 냉난방기의 단점은 우선 입식에 비해 가격이 비쌉니다. 공간을 더 사용한다는 것을 고려하면 이 점은 넘어갈 수 있는 부분이지만 난방의 경우 눈이 상당히 건조해집니다. 방향을 조절해도 크게 달라지지 않아서 잠깐 머무르다 가는 손님은 크게 문제가 없으나, 근무자의 경우 눈이 건조하고 침침해져 눈 건강을 해칠 수 있습니다. 입식에 비해 설치도 어렵습니다. 천장에 앵커를 박고 고정해야 하며 천장부터 바닥까지 에어컨 관을 설치하는 과정에서 설치비가 많이 듭니다. 마지막으로 입식에 비해 냉난방 기능이 조금 약합니다. 사양 상으로는 차이가 없는 것 같으나 실제 설치해보면 같은 평수를 비교할 때 확연한 차이를 느낄 수 있습니다.

입식 냉난방기의 경우 냉방보다 난방의 기능이 조금 약한 편입니다. 요즘 출시되는 제품은 대부분 스마트 인버터 냉난방기로 실내 온도가 설정한 온도에 이르면 자동으로 절전 기능이 작동하는 제품입니다. 특히 겨울의 경우 실외기의 온도가 떨어지면 그것을 데우느라 정작 실내 난방 기능이 제대로 작동하지 않아요. 분명 난방기를 틀었는데 찬 바람이 나옵니다. 사용법을 보면 이런 상황이 고장은 아니라고 설명해놓았습니다. 전기를 절약하고 효율적인 냉난방을 위한 기능이라는 것은 알겠지만, 사용자로서는 굉장히 답답하고 불편합니다.

입식을 하든 천장형을 하든 무더운 여름에 꼭 필요한 것은 선풍기나 서큘레이터입니다. 공간에 따라 다르겠지만, 10평 기준으로 2대는 있어야 냉방이 효과적이죠. 카페에서 일해본 분들은 알겠지만, 추운 겨울보다 무더운 여름이 훨씬 더 힘듭니다. 카페에는 에스프레소 머신, 아이스크림 기계, 제빙기 등 열을 뿜어내는 기계가 여럿인데요. 사실 한겨울이 아니면 작은 평수의 카페는 이들이 내는 열기만으로도 웬만한 추위는 견딜 만합니다.

반대로 한여름에는 아주 많이 힘이 들고 더불어 짜증까지 납니다. 겨울에는 옷을 더 입으면 추위를 막을 수 있지만, 여름은 더 벗을 수도 없고 보통 힘이 드는 것이 아니에요. 카페에서 먹은 더위는 약도 없습니다. 직원이 힘들면 손님에게 잘하기는 현실적으로 불가능하죠. 냉방 기능을 더 신경 써야 하는 이유이기도 합니다. 냉방기를 설치했다 하더라도 열을 뿜어내는 에스프레소 머신 앞에서 일하는 직원 방향으로 선풍기나 서큘레이터를 설치해야 합니다. 손님은 잠깐이지만 직원은 온종일 그 자리에서 일하니까요.

실평수 10평 기준으로 제가 추천하는 냉난방기의 구성과 배치는 입식 에어컨 1대, 선풍기 2대, 가스히터 1대입니다. 여기서 가장 의아하게 생각되는 것은 가스히터일 텐데요. 가장 강력하고 효율적이며 비용을 아낄 수 있는 효자 난방기입니다. 도시가스를 연결할 환경만 된다면 꼭 설치할 것을 추천합니다. 손님이 많이 드나드는 곳은 자동으로 환기가 될 것이고 그렇지 않다면 1시간에 1번 환기하면 좋습니다. 대류와 복사열에 의해 난방이 되기 때문에 훨씬 따뜻하고 눈 건조증도 전혀 없어 아주 그만입니다.

냉난방기 관리의 키워드는 필터 청소와 환기입니다. 특히 필터는 조금 번거롭더라도 일주일에 1번은 무조건 청소하는 것이 좋아요. 필터를 청소하지 않으면 냉난방 효율이 떨어지고 먼지 가득한 필터를 통과

가스히터

입식 냉난방기

천장형 냉난방기

한 더러운 공기를 직원과 손님이 흡입하게 됩니다. 마감 시 필터의 먼지를 털어낸 후 물로 씻어주고 다음 날 끼워 사용하면 됩니다. 가스히터를 사용하지 않더라도 냉난방기를 쓴다면 1시간에 1번씩 2~3분 동안 꼭 환기해야 호흡기 건강에 도움이 됩니다.

6장 시설 관리

01 전기 시설의 이해와 관리

금은보화가 귀하다지만, 세상에서 가장 중요한 물질은 공기이며 그다음은 물입니다. 이 2가지는 인간이 살아가는 데 있어 없어서는 안 될 필수 불가결한 것이죠. 그중에도 공기가 더욱 그렇습니다. 단 1분만 뇌에 산소가 공급되지 않으면 인간의 뇌는 비가역적인 손상을 입게 됩니다. 그런데 이제는 공기도 이것이 없으면 깨끗하게 마실 수 없는 세상이 됐는데요. 실내에서는 더욱 그렇습니다. 바로 전기죠. 전기는 지금껏 인간이 만들어 낸 발명품 가운데 가장 위대한 것이 아닐까 싶은데요. 당장 전기가 없어진다면 19세기로 바로 직행입니다.

카페 공사에서 제일 중요하고 어려운 것은 전기와 관련된 것입니다. 승압을 할 것인지 한다면 얼마까지 할 것인지 그리고 콘센트는 얼마나 어디에 뽑을 것인지 등 생각하고 결정해야 할 것이 정말 많은데요. 한번 제대로 공사를 하면 10년은 이상 없이 사용하지만, 자칫하면 얼마 못 가 다시 손을 봐야 하는 것이라 처음에 할 때 꼼꼼하게 신경 써야 합니다. 전기기술자 가운데도 설렁설렁 일하는 사람이 있는가 하면 지나치다 싶을 정도로 철두철미한 사람도 있으니 인건비를 조금 더 주더라도 확실한 기술자를 선택해야 합니다.

만약 계약한 상가의 전기 시설이 너무 낡았거나 미비하다면 전기 배선을 다시 깔아야 합니다. 이때 생각해야 할 것은 승압 공사와 계약전력에 관한 것입니다. 지금 필요한 전압이 15kW인데 현재 4kW밖에 안 된다면 계약전력의 변경과 더불어 승압 공사까지 고려해야 합니다. 승압 공사와 계약전력의 변경은 반드시 임대인의 동의가 있어야 가능합니다. 전기사용계약 변경신청서를 작성해서 해당 지역 한국전력공사에 보낸 후 서류 심사가 끝나야만 계약전력 변경과 승압 공사가 가능합니다. 승압 공사는 내가 필요한 전기보다 조금 더 여유 있게 하는 것이 좋아요. 보통 kW당 10만 원 정도가 들어간다고 생각하면 됩니다. 5kW에서 15kW로 증설한다면 100만 원 이상의 비용이 드는 거죠. 가능하면 이미 승압 공사를 마친 상가를 구하는 것도 초기 비용을 절약하는 방법입니다. 간혹 임대인 가운데는 분전함 교체와 승압 공사 비용을 내주는 분도 있습니다만 흔한 케이스는 아니니 기대하지는 마세요.

처음 전기공사를 할 때 신경 써야 할 것 중 하나는 가능한 한 콘센트를 많이 뽑아놓으라는 것입니다. 아무리 많이 뽑아도 나중에 연장선이나 멀티 콘센트를 써야 하는 상황이 오는데요. 문어발 코드의 위험성은 다 아는 것이지만 정말 주의해야 합니다. 특히 전열기의 경우 문어발 코드로 연결하면 과열로 인한 화재에 노출될 수 있어요. 콘센트의 플러그를 꽂는 방향이 위로 향하고 있다면 물과 먼지를 주의해야 합니다. 물이

닿으면 누전이 될 수 있고 먼지가 많이 쌓이면 가벼운 스파크에도 화재로 이어질 수 있습니다.

자주 있는 일은 아니지만, 간혹 전선의 피복이 벗겨져 단전이나 화재의 원인이 되기도 합니다. 특히 플러그가 달린 전기 제품의 경우 플러그와 전선 사이가 벌어지거나 피복이 벗겨지기도 하니 평소 관찰을 잘해야 합니다. 갑자기 전기가 나가면 어떻게 될까요? 집이라면 조금 불편하기는 해도 전기가 들어올 때까지 기다리면 됩니다. 그러나 카페 영업 중인데 전기가 나가면 정말이지 영혼까지 탈출해버리는 심정이에요. 흔히 멘붕이라고 하죠. 주변 전기공사로 지역 일부가 단전된 것이 아니라 우리 카페만 전기가 나갔다면 어떻게 할까요? 당장 전기 전문가를 불러야 하겠죠. 인터넷을 뒤져 전문가를 찾지 말고 전에 전기공사를 했던 분이나 적어도 카페 주변의 전업사 전화번호는 가지고 있어야 합니다. 저 역시 카페를 하면서 몇 번 전기가 나간 적이 있는데요. 한번은 배전함의 차단기가 떨어져서였고, 또 한번은 주변 전기공사로 인한 단전이 원인이었습니다. 배전함의 차단기를 다시 올려도 떨어지고 다시 올려도 떨어지고 해서 결국 전문가를 불렀는데 승압 공사와 배전함의 전기 분배를 새로 하느라 150만 원이 넘는 비용이 들었습니다. 나중에 알고 보니 분전함의 전기 분배만 잘했어도 발생하지 않았을 문제였어요. 뭐든 처음에 잘해놔야 두고두고 후회하지 않는 법입니다.

6장 02 인터넷과 전화선의 이해

인터넷은 세상의 거의 모든 정보를 연결하는 그물이자 카드 사용이 대부분인 카페에서 결제를 위해 없어서는 안 되는 수단입니다. 원두가 없으면 커피를 팔 수 없듯이, 인터넷망이 먹통이 되면 아무리 맛있는 커피가 있어도 팔 수 없는 세상이 됐습니다. 사람이 주문받는 곳은 그나마 현금이나 계좌이체라는 대안이 있지만, 무인 카페에서는 이마저도 불가능해 개점휴업이나 마찬가지입니다.

간혹 카페에 070으로 시작하는 인터넷 전화 말고 02 등 지역번호로 시작하는 일반 전화가 있어야 하냐고 묻는 분들이 있습니다. 결론부터 말씀드리면 꼭 하는 게 좋습니다. 없으면 안 되느냐 다시 묻는다면 안 될 것은 없지만, 분명 나중에 후회할 거라고 말씀드립니다. 일반 전화는 마치 보험과 같아요. 평상시에는 아무 필요가 없어 보이지만, 사고가 나면 정말 요긴하게 잘 쓰입니다.

그럼 왜 필요한지 예를 들어 설명하겠습니다. 첫째, 만에 하나 인터넷이 끊길 때 전화선으로 카드 결제를 할 수 있는데요. 비록 속도는 인터넷 선만큼 빠르지는 않지만, 인터넷이 복구될 때까지 사용하는 데는 전혀 문제가 없습니다. 둘째, 070으로 시작하는 전화번호는 손님들이 스팸 번호로 오해하는 경향이 있는데요. 카페에서 외부로 전화할 때 불편할 수 있으며 부수적으로 인터넷 전화에 비해 더 신뢰감을 줍니다.

지난 13년 동안 인터넷이 끊어진 것은 4차례 정도 됩니다. 3차례가 일시적인 장애였다면 나머지는 온종일 인터넷이 되지 않았는데요. 저는 일반 전화가 있었기 때문에 일시적인 장애가 있었을 때도 손님의 주문을 받는 데 아무 문제가 없었습니다. 하지만 온종일 인터넷이 끊겼을 때는 일반 전화까지 먹통이어서 정말 애를 먹었어요. 2021년 10월 25일 KT의 한 직원이 전산 입력 중 단어 하나를 빠뜨려 벌어진 어처구니없는 사건인데요. 전국적으로 인터넷과 유무선 전화가 마비됐습니다. 이때를 제외하고는 인터넷이 끊겨 영업에 문제가 됐던 적은 없었습니다.

KT 사건과 같은 일이 다시 일어난다면 어떻게 대처해야 할까요? 사후적으로 할 수 있는 일은 없고요. 사전에 일반 전화는 KT, 인터넷 통신사는 SKT나 LG로 설치했다면 전쟁 수준의 일이 벌어지지 않는 한 인터넷이 끊겨 손님을 받지 못하는 일은 없을 것입니다. 사실 KT 사건과 같은 일은 일생에 한 번 있을까 말까 하는 사건이고요. 인터넷이 마비되는 것에 대비해 일반 전화선을 연결해놓으면 충분합니다.

규모가 좀 있는 곳은 물론이고 카페의 대부분은 포스기를 설치해놓고 사용합니다. 메뉴가 다양한 경우 몇 번의 터치만으로 주문받기와 결제하기가 가능해 편리해요. 계약기간은 보통 3년이고 월정료는 1~3만 원으로 다양합니다. 프랜차이즈는 상대적으로 저렴하고 개인 카페는 좀 더 비싼 관리비를 내야 하는데요. 과거 카드 수수료가 지금보다 비쌀 때는 3년을 약정하면 무료로 사용할 수도 있었습니다. 하지만 지금은 카드 수수료가 많이 인하되면서 그런 혜택을 기대할 수 없게 됐어요. 얻는 게 있으면 잃는 게 있는 법이죠. 일반 전화선을 연결하면 포스기 옆에 카드단말기를 설치할 수 있습니다. 포스기에는 인터넷 선이 연결되고, 카드단말기에는 일반 전화선이 들어갑니다. 일반 전화로 통화 중이라면 당연히 전화선이 연결된 카드단말기는 그 순간 사용이 불가합니다.

일반 전화선을 놓는 것은 단순히 인터넷이 끊어지는 것에 대비해 준비하는 것에 국한된 얘기는 아닙니다. 향후 발생할 수 있는 위험을 예상하고 그 피해를 분산하는 것까지 포함하는 것인데요. 뻔히 예상할 수 있는 일을 눈 뜨고 당할 수는 없는 일 아니겠습니까. 커피의 본질은 변함이 없지만, 사람들의 커피 취향과 카페 환경의 변화에 능동적으로 대처해야 치열한 커피 전쟁에서 살아남을 수 있습니다.

6장 03 급배수 시설의 이해와 관리

상가 자리는 정말 기가 막히게 좋은데 급배수 시설이 없어서 카페를 할 수 없는 예도 있습니다. 저 역시 카페 하기에 딱 맞는 상가를 서울 마포의 상수역 출구 근처에서 발견했는데요. 제외 업종에 카페와 음식점이 쓰여 있어서 포기한 적이 있습니다. 급배수 시설은 너무 당연한 것이라 어느 상가든 수도와 배수 시설이 있을 것이라 생각했는데 아닐 수도 있다는 것을 그때 처음 알았습니다. 그리고 배수구 위치가 엉뚱한 곳에 있으면 배수관을 깔 때 애를 먹기도 합니다.

카페는 물이 없으면 영업 자체가 불가능합니다. 간혹 상가 주변에서 수도 공사를 하면 물을 쓸 수 없어 에스프레소 머신은 물론이고 제빙기와 냉온수 디스펜서 등을 사용할 수 없는데요. 일반음식점과 달리 카페는 에스프레소 머신 때문에 물을 받아놨다가 단수 시 사용하기가 불편합니다. 에스프레소 머신과 펌프를 연결해 사용하는 방법도 있지만, 이게 여간 번거로운 게 아닙니다. 펌프를 별도로 갖추는 것 또한 비용이 만만치 않아요. 안정적인 물 공급과 사용이 중요한 이유입니다.

음식은 먹는 것보다 소화하고 배설시키는 것이 더 중요합니다. 아무리 몸에 좋은 음식을 섭취했다고 하더라도 소화와 배변에 문제가 있다면 먹지 않으니만 못하니까요. 물도 마찬가지입니다. 물을 사용한 후 막힘과 누수 등으로 배수가 안 된다면 이보다 답답한 것도 없어요. 누수는 상가 천장에서 물이 떨어지는 것부터 배수관, 물 저장고가 있는 각종 기계류에서 물이 새는 것까지 다양합니다. 원인이라도 알면 다행이지만, 일부는 원인 자체를 찾는 데만 긴 시간과 큰 비용이 듭니다.

과거 누수 때문에 고생한 경험 몇 가지를 소개합니다. 첫째, 카페 천장에서 누수가 발생한 경우인데요. 한쪽 벽 구석에서 물이 한 방울씩 떨어지는데 도무지 원인을 찾지 못했습니다. 누수 전문가를 불러도 원인을 찾지 못해 바닥에 세숫대야를 놓고 물을 받았는데 얼마나 보기 추한지 상상이 가나요. 며칠 후 결국 원인을 찾았습니다. 실외 벽타일이 깨져서 그 사이로 물이 들어가 아래로 흐르다가 카페 천장까지 이른 것이었는데요. 지금도 콘크리트 돌출 천장을 보면 그때 물 얼룩이 허옇게 남아 있습니다.

둘째, 에스프레소 머신과 연결된 배수관이 막혀 역류해서 누수된 사건인데요. 원인은 배수관을 설치할 때 흔히 구배라고 하는 경사를 제대로 주지 않아서였습니다. 물과 섞인 커피 찌꺼기 등 오물이 쌓이면서 배수관 내부를 막아 벌어진 일로 결국 오래된 배수관을 다 뜯어내고 새것으로 교체하면서 문제를 해결했습니다. 물과 오물이 잘 흘러나가도록 배수관 구배에 신경을 써서 작업을 하고 나니 속이 다 시원했습니다.

셋째, 쇼케이스 냉장고 때문에 발생한 누수였습니다. 정말이지 상상도 못 했던 사건이었죠. 카페의 한쪽 벽은 콘크리트가 아니라 가벽으로 돼 있었는데요. 옆 상가는 부동산 사무실이었는데 바닥에서 물이 올라온다며 카페에서 누수가 되는지 확인해달라는 것이었습니다. 배수관을 아무리 봐도 균열이 없고 물도 잘 내려가고 해서 우리 때문이 아닌 것 같다고 했는데요. 며칠 후 또 바닥에서 물이 올라온다며 원인을 찾아보자고 연락이 왔습니다. 글쎄 나중에 알고 보니 쇼케이스 냉장고 하단에 물받이가 있는데 그게 넘쳐서 옆집으로 흐른 것이었습니다. 물이 조금씩 넘치면서 바닥을 적시고 결국 가벽을 통과해 옆집 바닥 위로 물이 스며 나온 것이었어요. 사실 카페 바닥이 아주 평평했거나 가벽 쪽이 아닌 카페 안쪽으로 바닥이 경사졌다면 옆 상가에 피해를 주지 않았을 것입니다. 실제로 거의 모든 상가의 바닥은 완전 평평하지는 않은데요. 나중에 상가를 얻으면 바닥이 어느 쪽으로 경사졌는지 꼭 관찰하세요.

배수관 설치 시 주의할 점은 가능한 한 꺾임을 최소화해서 경사를 잘 주고 배수관 중간과 끝에 배수관 뚜껑을 달아놓으라는 것입니다. 아마 배수구 위치 때문에 배수관을 직선으로만 설치하기는 불가능할 텐데요. 싱크대와 에스프레소 머신에서 나오는 오물이 막히지 않고 배수구로 빠져나가려면 배수관의 꺾임을 1번 정도만 주는 것이 좋습니다. 그리고 에스프레소 머신에서 시작된 배수관의 경사가 배수구까지 미세하게 점점 낮아지도록 설치에 신경 써야 합니다. 가능하면 에스프레소 머신 아래 배수관에 수도꼭지를 설치하면 나중에 물을 흘려보내는 것만으로도 바닥에 쌓인 커피 찌꺼기 제거에 도움이 됩니다. 또한 배수관 중

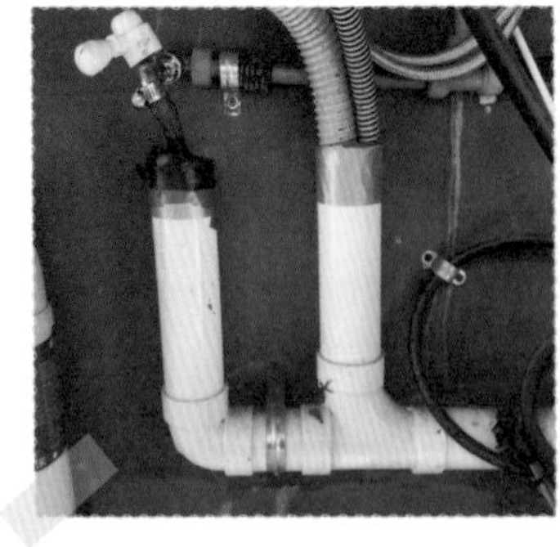

에스프레소 머신 배수관 수도꼭지

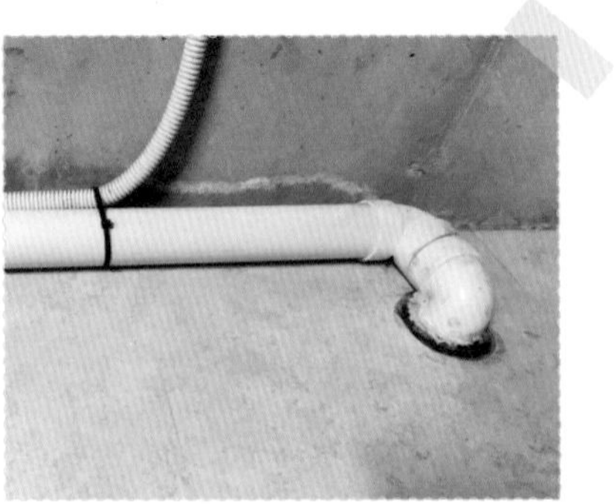

배수관 구배와 꺾임

간과 배수구와 연결된 끝에 배수관 뚜껑을 설치하면 커피 찌꺼기 등 오물을 청소할 때 아주 유용합니다.

조금 귀찮더라도 적어도 1년에 1~2회는 배수관 뚜껑을 열고 막힌 곳이나 쌓인 오물은 없는지 확인하고 청소해야 나중에 전문가를 부르느라 큰돈이 들어가는 일이 없을 것입니다.

6장
04

온수기의 이해와 관리

절기상으로 겨울인 11월부터 2월까지는 온수가 없으면 설거지할 때 상당히 불편하고 때로 고통스럽기까지 합니다. 더욱이 커피 기름때를 제거하려면 온수는 필수입니다. 약품을 사용해 찬물로 기름때를 씻어내면 결국 배수관 아래에 기름때가 쌓여 오수의 흐름에 방해를 주고 심하면 막히기까지 합니다. 카페에서 꼭 필요한 순간온수기는 어떤 것을 구매해야 하고 어떻게 관리해야 할까요.

순간온수기는 온수통의 용량과 온냉수 상하 방향 그리고 물을 데우는 데 쓰는 열원의 종류에 따라 구분할 수 있습니다. 카페나 일반음식점에서 쓰는 온수통의 용량은 15L, 30L, 50L, 100L이며 카페에서 가장 많이 사용하는 것은 30L입니다. 20평 내외의 카페라면 30L 용량이면 크게 문제없이 사용할 수 있어요. 온수를 좀 더 넉넉하게 사용하고 싶다면 50L를 선택하면 됩니다. 다만 용량이 커지는 만큼 온수기의 부피도 증가하기 때문에 설치 환경을 고려해 결정해야 합니다.

온수기는 짧은 시간에 상온의 물을 온수로 데우는 장치입니다. 온냉수가 온수기 위쪽에서 들어오고 나가면 상향식이라고 하고요. 반대로 온수기 아래쪽에서 들어오고 나가면 하향식이라고 합니다. 상향식은 온수기를 싱크대 아래쪽에 매립할 수 있어 공간 활용이 효과적이나 설치나 수리 시 불편하다는 단점이 있고, 반면에 하향식은 싱크대 위쪽에 설치하기 때문에 설치나 수리가 수월하나 공간 활용 측면에서는 단점으로 작용합니다.

물을 데우는 열원이 전기냐 가스냐에 따라 전기온수기 또는 가스온수기라고 합니다. 도시가스 사용이 가능한 곳에서는 가스온수기를 많이 사용합니다. 전기에 비해 온수 사용이 더 자유롭고 유지비가 적게 든다는 장점이 있습니다. 다만 전기온수기에 비해 제품의 가격이 비싸고 온수기 위치에 따라 가스관을 연장해야 하는 등 초기 설치 시 비용이 더 많이 듭니다. 물을 많이 쓴다면 가스온수기가 좋고, 그렇지 않으면 전기온수기가 답입니다.

온수기는 생각보다 고장이 잘 납니다. 운이 좋으면 5년도 넘게 쓰지만, 그렇지 않으면 2년이 안 돼 고장 나 새로 구매해야 하는데요. 대개 제품의 보증 기간이 1년이기 때문에 자기 부담으로 해결해야 합니다. 온수기가 고장 났다 하면 대개 히터봉과 온수통입니다. 히터봉은 물을 데우는 장치로 이상이 생기면 온도를 아무리 높여도 물이 데워지지 않습니다. 구매한 지 2년 미만이라면 부품 교체를 하면 되지만, 그 이후 노후화된 것이라면 새 제품으로 교체하는 것이 낫습니다. 온수통에 문제가 생겼다는 것은 다른 말로 누수를 의미하는데요. 사고가 터지면 정

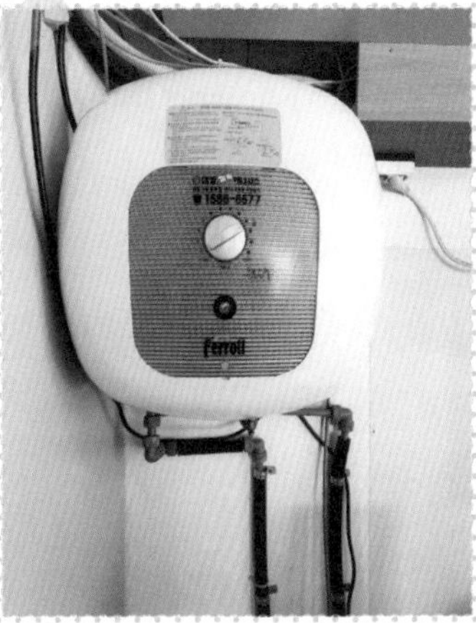

하향식 온수기

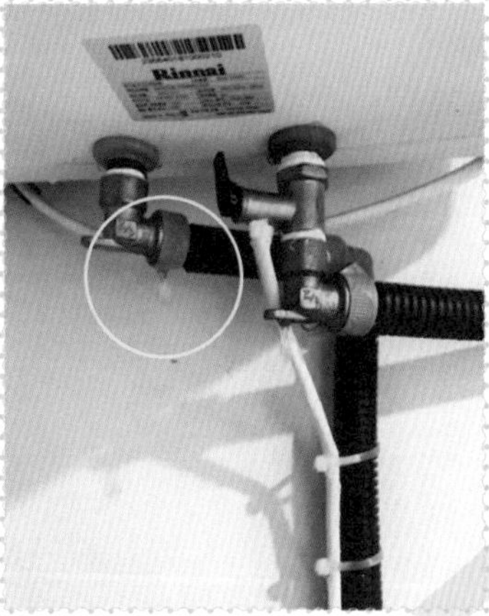

온수기 누수

상향식 온수기

말 심하게 물이 새는데 조금 무섭기까지 합니다. 저도 경험을 했는데, 불행 중 다행으로 마감 바로 전에 누수를 발견했기에 망정이지 사람이 아무도 없는 밤에 사고가 났다면 상상만 해도 끔찍합니다. 온수통의 용접 부분에 문제가 생겨 누수되는 것이므로 이런 때는 무조건 새 제품으로 교체해야 합니다.

제가 그동안 사용한 온수기들은 제품의 수명이 2~3년 정도밖에 안 됐습니다. 전문가에게 제품을 오래 쓸 방법이 있는지 물었는데 그는 2가지를 꼭 지키라고 했습니다. 첫째, 높은 수압은 온수통에 무리를 주기 때문에 반드시 감압밸브를 설치하라는 것이었습니다. 둘째, 물을 많이 쓰는 곳이라면 처음부터 가스온수기를 설치하고 물의 온도를 약 70~80% 정도로 맞춰놓고 사용하라는 것이었습니다. 히터봉으로 물을 데우는 전기온수기를 자가 설치하는 경우 반드시 온수기에 물을 채운 후 전원을 연결해야 합니다. 그렇지 않으면 사용도 하지 못하고 고장이 날 수 있으니 꼭 주의해야 합니다.

온수기는 전조 증상 없이 갑자기 고장이 날 수 있습니다. 평소 온수기를 설치할 수 있는 전문가의 전화번호를 알고 있어야 합니다. 특히 겨울에 사고가 나면 설거지가 많은 업장에서는 정말 불편합니다. 그들은 일의 특성상 주말이나 공휴일에도 전화를 받기 때문에 온수기에 이상이 생기면 설치 기사에게 전화를 넣어 부품을 교체하든 새 제품으로 설치하든 속히 문제를 해결해야 합니다.

6장 05

조명 시설의 이해와 관리

인스타그램에서 사진 맛집이란 카페 내부가 예쁘고 사진을 찍기에 조명이 적절하다는 것입니다. 카페 인테리어는 너무 예쁜데 조명이 너무 밝거나 아니면 어두워서 빛이 바래는 예도 있는데요. 그만큼 조명의 역할이 중요하고 적당한 조명기구의 선택이 필요합니다. 조명의 밝기와 색은 정말 딱 맞는데 전구와 안정기가 하나로 된 조명기구는 교체 작업 자체가 쉽지 않아 추천하지 않습니다.

조명 시설은 크게 고정형과 레일형으로 나눌 수 있습니다. 고정형은 천장의 몇 군데에 전선이 고정돼 있어 그곳에 조명을 연결해 사용하는 것인데요. 전체적으로 깔끔하다는 장점이 있으나, 전구의 위치를 바꿀 수 없다는 게 단점입니다. 노출 천장이 아닌 경우 고정형을 선호합니다. 레일형은 천장에 조명용 레일을 고정하고 레일 홈에 전구를 끼워 사용하는 조명 시설입니다. 전구가 고정된 것이 아니라 필요에 따라 위치를 바꿀 수 있다는 게 장점이며, 주로 노출형 천장에 많이 사용됩니다.

전구색은 크게 전구색, 주광색, 주백색, 백색으로 구분합니다. 전구색은 웜 화이트, 즉 따뜻한 느낌을 주는 흰색이라는 의미이나 백열전구와 같은 노란빛을 띱니다. 색온도가 2,800K로 해 뜨고 30분 후 정도의 밝기이며 화장실이나 창고 등에 적합한 전구입니다. 주광색은 쿨 화이트로 시원한 느낌을 주는 흰색 정도로 해석할 수 있는데요. 전구색 중 가장 밝은 흰색 조명입니다. 색온도가 6,500K로 정오의 태양보다 밝고 조금 흐린 날의 하늘색 같아 방이나 거실에 적합한 전구입니다. 주백색은 내추럴 화이트, 즉 자연스러운 느낌을 주는 흰색으로 전구색과 주광색의 중간 정도의 밝기를 띄는데요. 색온도가 5,000K로 오전 10시 정도의 밝기이며 역시 방이나 거실에 적합한 전구입니다. 마지막으로 백색은 퓨어 화이트로 순백색 전구로 주광색보다는 덜 밝으나 눈이 부실 정도로 밝은데요. 색온도는 6,000K로 전구색과 주백색의 사이의 밝기로 방이나 거실에서 많이 쓰이는 색상입니다.

레일형 조명

천장고정형 조명

요즘 새로 생기는 카페 대부분은 레일형 조명 시설을 많이 씁니다.

천장도 대세는 노출형이죠. 다 이유가 있습니다. 노출형으로 가야 층고가 높아져 전체적으로 시원하고 자연스러운 느낌을 주기 때문입니다. 자, 이제 전구 모양과 크기 그리고 밝기를 선택하면 되는데요. 무엇보다 과하지 않은 것이 좋습니다. 말 그대로 조명은 주인공이 아니라 조연이기 때문에 너무 크거나 화려하지 않아야 합니다. 전구는 따뜻한 느낌을 줄 것인가 아니면 시원한 분위기로 갈 것인가에 따라 결정하면 됩니다. 이 역시 너무 밝은 조명은 도서관 느낌을 주기 때문에 좋지 않습니다.

조명 시설은 무엇보다 관리와 교체가 수월해야 합니다. 전구는 너무 예쁜데 구하기 쉽지 않다거나 수명이 짧은 것, 그리고 전구 가격이 지나치게 비싼 것은 고려 대상에서 제외합니다. 10평짜리 매장이라도 전구가 적어도 10개 정도는 필요하므로 교체 및 관리 비용을 생각하지 않을 수 없어요. 평소 여분의 전구 3~4개 이상은 구비하고 있어야 합니다. 갑자기 전구가 나갔는데 그 상태로 하루 이틀 그냥 놔두면 보기 흉할 뿐만 아니라 손님이 보기에도 카페가 잘 관리되고 있지 않다는 인상을 주기 때문입니다.

조명의 효과 때문에 실제 모습보다 멋있어 보이는 것을 흔히 조명발이라고 합니다. 카페 역시 어떤 조명 시설을 설치하고 빛의 색깔과 밝기를 어떻게 하느냐에 따라 분위기가 완전히 달라집니다. 조명 시설만 잘 해놔도 극적인 인테리어 효과를 누릴 수 있으니 혹시 카페 분위기를 바꾸고 싶다면 조명 전구의 색상과 밝기만 조절해보세요.

6장 06 방범 시설의 이해와 관리

지난 13년 동안 카페를 하면서 내외부를 완전히 새롭게 꾸미는 큰 공사를 2번 했습니다. 그때마다 카페에서 잠을 잤는데요. 처음 카페를 열 때는 푹푹 찌는 여름에 콘크리트 바닥에 요가 매트 1장을 깔고 이틀 밤을 보냈습니다. 값비싼 카페 기계류와 용품이 가득 들어와 있는데 무인 경비가 안 돼 어쩔 수 없는 궁여지책이었어요. 그 후에도 카페 인테리어 공사를 크게 하면서 하룻밤을 카페에서 지냈습니다. 무인 경비는 되는 상황이었지만, 에스프레소 머신을 비롯한 기계류의 전선과 플러그를 뽑아놨기에 도난 방지를 위해 불가피한 선택이었습니다.

제가 사람들에게 카페에서 밤을 보낸 이야기를 들려주면 반응이 엇갈립니다. 좀 과했다는 의견이 지배적이고, 일부는 충분히 이해는 되나 자기는 못 하겠다고 합니다. 지금도 그렇지만 카페를 열면 어떻게 알았는지 귀신같이 기계류를 훔쳐 가는 도둑이 있는데요. 믿기지 않겠지만 그들이 매장 문을 따고 기계를 차에 실은 후 달아나는 데 걸리는 시간은 고작 5분 내외입니다. 자 이제, 제가 왜 매장에서 잘 수밖에 없었는지 이해되시죠.

방범이란 범죄를 미리 방지하는 것입니다. 여기에 시설을 붙이면 단순하게는 출입문의 자물쇠부터 경비업체의 보안장치까지를 포괄하는 것입니다. 요즘은 거의 모든 카페에서 방범 목적뿐만 아니라 매장에서 발생하는 사건·사고에 대한 증거 자료 확보를 위해 CCTV를 설치합니다. 도난 방지를 위해 S사와 A사 같은 무인 경비업체를 이용하는 매장도 꽤 많은데요. 방범 시설과 보안업체의 장단점 그리고 한계는 무엇일까요?

보안업체에 월정료 7만 원 내외를 내면 10평 내외 매장을 기준으로 CCTV 녹화 및 관리와 잠금장치 그리고 긴급출동 서비스까지 제공됩니다. 출입문에는 A사가 경비 중이라는 커다란 스티커를 붙여 도둑에게 경계심을 주기도 하는데요. 외부에서도 스마트폰으로 매장 내의 CCTV를 보면서 실시간 직원의 근태나 영업 상황을 확인할 수 있어 편리합니다. 서비스의 품질과 관계없이 왠지 모를 안정감을 주는 것은 사실입니다.

만약 매장에 도둑이 들었다면 보안 경비업체는 적절하게 대응을 할 수 있을까요? 제 답은 "절대 할 수 없다"입니다. 도둑은 누구보다 경비업체에 대해 속속들이 잘 알고 있습니다. 몇 분 안에 출동하는지 사고 후 어떻게 대응하는지 등에 대해서도 말이죠. 경비업체로부터 보상은 제대로 받을 수 있을까요? 보상에 관한 약관이 있어 받는다 해도 제품의 구매가가 아닌 감가상각 후 실거래 정도밖에 보상받지 못합니다.

요즘에는 배터리로 구동되는 CCTV가 있어 벽에 간단히 부착만 하면 설치가 끝납니다. CCTV 영상이 스마트폰 앱과 연동돼 실시간으로 영상을 확인할 수 있는데요. 매장에 불법 침입자가 발생하면 경보가 울리고 스마트폰으로 알림이 오기도 합니다. 내가 멀리 있어 매장에 달려가지 못하더라도 경찰에 신고할 수도 있어요. 초기 설치비 몇십만 원만 투자하면 굳이 한 해에 100만 원 가까이 들여 경비업체를 쓸 이유가 없어 보입니다.

그렇다면 부착형 CCTV는 단점이 없을까요? 구동을 배터리로 하다 보니 갑자기 배터리 방전이 되는 경우 무용지물이라는 점과 CCTV 자체의 에러도 일부 있다는 점입니다. 배터리 상태는 앱으로 확인할 수 있어 사전에 바꾼다고 해도 CCTV 자체의 에러는 미리 방지할 수 없어요. CCTV 화면은 스마트폰으로 확인하니 이상 유무를 알 수 있지만, 출입문 센서의 이상 유무는 사전에 알 길이 없습니다. 평소 경비업체가 아닌 사용자가 관리해야 한다는 점이 한계입니다.

제 지인 가운데 한 분은 출입문 쪽으로 CCTV 1대를 설치하고 출입문 잠금장치만으로 카페 보안을 합니다. 대신 화재보험과 도난보험을 들어 예상치 못한 위험에 대해 헷지(hedge)*하고 있어요. 저는 13년 동안 A사 경비업체를 이용 중인데 그 덕분인지 몰라도 한번도 도난을 당한 적이 없습니다. 지금껏 경비업체에 지급한 사용료만 해도 1000만 원이 넘기 때문에 잘한 선택인지 헷갈릴 때가 있는데요. 만약 도둑이 들었

* 금전적 손실 등에 대한 대비책을 말하는 경제 용어.

더라도 이 정도 돈이 들었을까에 대해 의문입니다.

카페에 어떤 방범 시설을 둘 것인지는 매장 내 시설의 자산 규모와 카페의 위치 그리고 본인의 성격 등에 따라 결정해야 합니다. 꼼꼼한 분이라면 부착형 CCTV를 설치하고 도난보험을 들어 위험에 대비하는 게 좋을 것 같고 조금 털털한 성격이라면 개업 후 3년 동안은 경비업체를 쓰는 게 나을 듯합니다. 보통 경비업체의 의무계약 기간이 3년이기 때문에 기간을 다 채우고 해지하면 설치비에 대한 위약금이 없기 때문이죠. 계약 해지 후 도난보험 정도만 유지하면서 도난을 대비하면 어떨까 싶네요.

방범 시설

7장 몸과 마음 관리

01 카페를 하면 생기는 병과 질환

카페를 시작하려는 분들께 왜 카페를 하고 싶은지 물어보면 대개 카페가 주는 따뜻하고 깨끗한 분위기와 다른 직업에 비해 일이 편할 것 같다는 막연한 기대감을 이유로 듭니다. 틀린 말은 아니나, 그렇다고 맞다고 대답하기도 애매합니다. 따뜻하고 깨끗한 분위기를 만들려면 수시로 청소와 관리를 해야 가능합니다. 일이 편하다면 아마 얼마 못 가서 그 카페는 문을 닫아야 하죠.

만약 카페를 시작하기 전에 주로 앉아서 하는 업무를 했다면 오랜 시간 서서 움직이는 카페의 일이 익숙지 않고 버거울 것입니다. 자세가 바르지 못하다면 몸 이곳저곳이 쑤시고 아플 텐데요. 육체에서 오는 병은 치유라도 가능하지만, 손님의 거친 말과 행동으로 인해 받은 마음의 병은 오래도록 마음 깊숙이 남아 큰 상처가 될 것입니다.

우선 오래 서 있으면 발바닥에 통증이 옵니다. 일할 때는 모르는데 저녁에 집에 들어가면 발이 부어 있습니다. 아침에 일어나 방바닥에 발을 디딜 때마다 마치 바늘로 콕콕 찌르는 것 같은 통증으로 무척 괴로운데요. 과거 저는 새벽에 일어났는데 너무 고통스러워 눈물을 흘리면서 벽을 잡고 겨우 걸음을 옮겼던 기억이 있습니다. 이를 족저근막염이라고 하는데요. 소염제를 먹고 쉬는 것 외에는 딱히 효과적인 치료법도 없습니다.

장시간 서서 일하면 무릎에 통증이 오고 심하면 물이 차고 붓기도 하는데, 다행히 저는 그런 일은 없었습니다. 대신 왼쪽 고관절 통증 때문에 걷는 것은 물론 그냥 서 있기도 고통스러워 오랜 기간 고생했어요. 요즘도 조금 무리하면 여전히 왼쪽 고관절에 통증이 느껴집니다. 허리 또한 쉽게 다치는 부위입니다. 꼭 무거운 물건을 들지 않더라도 자칫하면 근육이 놀라거나 무리가 가면서 문제가 생깁니다. 저 역시 지금껏 여러 차례 허리 근육통 때문에 일하는 데 애를 먹었습니다.

카페에서 생기는 질환 가운데 가장 흔한 것은 손목 통증으로 괴로운 터널증후군입니다. 심한 경우 수술까지 해야 하는 몹쓸 병으로 탬핑할 때 손목에 과도하게 힘을 주거나 포터필터를 다루는 과정에서 발생할 수 있습니다. 일단 한번 발병하는 경우, 나을 만하면 다시 생기고 또 나을 만하면 재발하는 치료가 어려운 질환입니다. 무엇보다 평소 과도한 손목 사용을 주의하는 것이 병을 예방하는 데 효과적입니다.

손목 다음으로 문제가 되는 병은 어깨에 생기는 질환, 오십견입니다. 주로 탬핑을 하는 팔 쪽 어깨에 발병합니다. 경험한 분들은 알겠지만, 팔을 어깨높이 위로 올리지도 못하고 통증 자체도 굉장히 고약한 병입니다. 바리스타의 키에 비해 바의 높이가 지나치게 높거나, 오랜 시간 어깨 관절을 과하게 사용하면 발병 소지가 높아요. 침을 맞고 물리치료를 해도 어지간해서는 낫지 않는 병이니 주의해야 합니다.

몸이 아픈 것은 어느 정도 참겠는데, 마음이 다쳐서 아픈 것은 정말 견디기 어렵습니다. 자존감이 무너지는 과정에서 오는 화병은 대표적인 마음의 병입니다. 일단 카페를 열었다면, 이제 카페 안으로 들어오는 모든 손님은 나이와 성별 등과 관계없이 여러분의 상전입니다. 꼭 하루에 1~2건은 이런 일이 있어 정말 속이 상하는데요. 못 배워서 이런 일 한다는 둥 인격적인 무시까지 당하면 내가 왜 이 일을 선택했나 자괴감마저 듭니다. 취미와 기호가 직업이 되는 순간 많은 것을 내려놔야 하는데 커피라고 예외는 아닙니다. 나중에는 커피까지 싫어하게 될 수도 있어요. 장사라도 잘되면 몰라도 손님까지 없으면 내가 지금 여기서 무엇을 하는지 왜 이러고 있는지 자책하게 됩니다. 제 지인 중 한 분은 커피를 하면서 우울증까지 얻었어요. 그 병의 원인이 카페 때문만은 아니었겠지만, 병의 근원은 카페를 하면서 시작됐습니다.

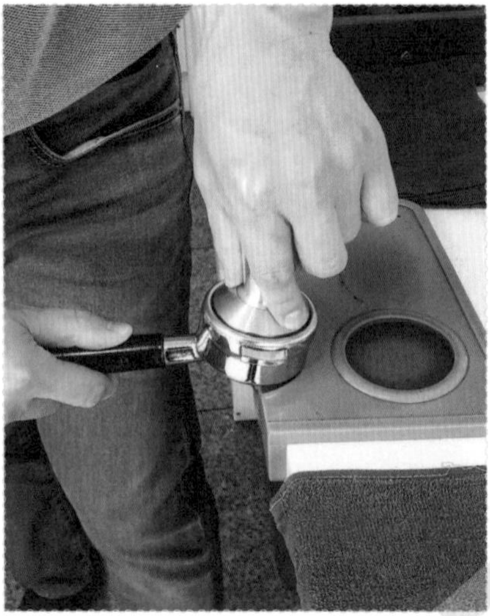
올바른 탬핑

육체의 병이든 마음의 병이든 생긴 다음 치료하기란 무척 괴롭고 힘이 듭니다. 평소 올바른 자세로 일하고 서운한 감정은 그때그때 털어내야 좋아하는 커피를 오래도록 즐겁게 할 수 있습니다. 충분한 영양분을 섭취하고 짧은 시간이라도 규칙적인 운동을 하는 것이 좋습니다. 손님과 속상한 일이 있었더라도 향긋하고 맛있는 커피 한잔하면서 섭섭한 마음은 훌훌 털어내시기를 바랍니다.

7장 02 아침은 든든히 점심은 가볍게

손님이 기분 좋으라고 하는 말인 줄 알지만, 종종 나이보다 4~5살 적게 보인다는 말을 듣습니다. 다른 것은 몰라도 적정 체중 유지와 피부 관리에는 신경을 쓰고 있어요. 흔히 건강한 몸을 유지하는 비결은 잘 먹고, 푹 쉬고, 규칙적인 운동을 하는 것이라고 합니다. 경험으로 볼 때 여기서 1가지만 고치자면, 잘 먹는 것보다는 적당히 먹는 것이 건강관리에 더 낫다고 생각합니다.

건강에 제일 나쁜 식습관은 식사량이 불규칙한 것입니다. 배고플 때 많이 먹고 한동안 적게 먹고 하는 것은 소화기관에 무리를 줄 뿐만 아니라 신체 밸런스를 유지하는 데 애를 먹이는데요. 우리 몸은 항상성을 유지하려고 하므로 많이 먹고 적게 먹는 것을 반복하면 많이 먹을 때 일정 부분을 지방으로 비축해두는 습성이 있습니다. 특히 나이를 먹을수록 복부와 허리 쪽에 집중적으로 쌓이면서 여간해서는 빼기도 어렵습니다.

카페를 하면 예전처럼 정해진 시각에 식사하기란 거의 불가능합니다. 남들 식사할 때 장사를 해서 식사 때가 한참 지난 후에 말 그대로 끼니를 때우기 바쁘니까요. 제가 추천하는 방법은 남들보다 30분만 일찍 식사하라는 것입니다. 아침 8시에 카페를 연다면 7시 반까지 식사를 마치고 점심은 11시쯤 가볍게 하는 것이 좋습니다. 저는 아침과 점심을 모두 카페에서 해결하는데 아침은 든든하게 점심은 비교적 가볍게 먹습니다.

특히 아침 식사를 거르면 배변 활동에 지장을 주기 때문에 매일 쾌변을 보기란 벌건 대낮에 별을 보는 것만큼 어려운 일입니다. 제가 건강한 삶을 위해 가장 중요하게 생각하는 것은 오전 10시 이전에 쾌변을 보는 것인데요. 몸도 가볍고, 마음도 상쾌하고, 건강에도 무척 이롭습니다. 행여 하루라도 거르면 괜히 배도 더부룩한 것 같고 몸까지 찌뿌둥해서 그날 컨디션은 엉망이 됩니다.

제 아침 식사는 커피 1잔, 바나나 2개, 요구르트 1병, 생채소 주스 1병입니다. 오전 7시에 이렇게 식사하는데요. 남들은 식사 후 디저트 수준이라고 하지만, 익숙해져서 저에게는 충분한 식사량입니다. 적당히 포만감도 있고 소화도 잘돼 매일 이 식단을 유지하고 있습니다. 9시쯤 커피 1잔을 더 하면 30분 이내에 화장실을 갈 수 있습니다. 제가 가장 사랑하는 시간이 9시 30분에서 10시인 이유입니다.

점심은 11시쯤 합니다. 작은 빵 2조각과 우유 1잔으로 해결하니 식사하는 데 10분도 걸리지 않습니다. 어떻게 덩치도 큰 사람이 이것밖에 먹지 않고 일하느냐고 묻는 분들이 있는데요. 저도 과거에 그랬지만, 대부분 직장인은 아침을 거르고 점심을 많이 먹습니다. 식사량이나 질로 따져볼 때 오전 동안 제가 섭취한 음식이 뒤지지 않습니다. 오히려 균형 잡힌 식단과 식사량으로 몸에는 더 이롭지 않을까요.

오후 4시쯤 되면 저 역시 속이 허하고 먹을 것이 생각납니다. 5시쯤 이른 저녁 식사를 하거나 간편식인 수프 1컵을 먹는 것으로 해결합니다. 저녁 식사를 하면 다음 날까지 물이나 음료 외에 어떤 것도 먹지 않습니다. 수프만 먹었으면 저녁 8시쯤 찐 고구마 1개에 커피 1잔을 하는 것으로 하루 식사를 끝냅니다. 너무 늦은 저녁이나 과식은 잠을 깊이 잘 수 없을뿐더러 다음 날 아침 어김없이 얼굴이 붓습니다. 얼굴이 부으면 남들 보기에도 안 좋고 상쾌하게 아침을 시작할 수 없어 좋지 않아요. 바리스타는 맛있는 커피만 만드는 것이 아니라 사람들의 기분도 좋게 하는 직업입니다. 내가 몸이 무겁고 컨디션이 나쁘면 절대 남을 이롭게 할 수 없습니다. 자기 관리를 철저히 해야 하는 이유가 여기에 있습니다.

사람마다 몸과 처한 환경이 다 달라서 제 식단과 식사량이 기준이 될 수는 없습니다. 스스로 자기 몸에 대해 잘 파악하고 있어야 합니다. 지금 카페를 하고 있든 준비 중이든 여러분만의 식단을 짜보는 것은 어떨까요. 많이 말고 적당히 말입니다. 자연스럽게 다이어트가 되고 건강한 신체 나이를 유지할 수 있을 것입니다.

7장 03 카페에서 할 수 있는 운동

카페에서 운동을 하라고 하면 어떻게 카페에서 근무 중 운동하느냐며 반문할 분들도 있을 것입니다. 과거 저는 손님이 뜸한 시간에 스트레칭은 기본이고 팔굽혀펴기도 했어요. 정말 가끔이기는 하지만, 손님이 들어온 줄도 모르고 낑낑대며 팔굽혀펴기를 하다가 손님과 저 모두 당황스러웠던 적도 있었습니다. 손님이 없을 때는 책을 읽거나 잠깐 스마트폰을 볼 수도 있지만, 무엇보다 일하느라 뻣뻣해진 몸을 유연하게 풀어줘야 하는데요. 스트레칭만 꾸준히 잘해도 퇴근 후 몸이 훨씬 가볍습니다.

저는 아침에 일어난 후 씻기 전에 꼭 하는 것이 있습니다. 바로 스트레칭입니다. 단 10분만 투자해도 정말 개운하게 하루를 시작할 수 있습니다. 또한 일과 중에 발생할 수 있는 부상을 예방하는 데도 효과적이죠. 스트레칭을 하면서 오늘 해야 할 일이 무엇인지 생각해보는 것도 좋습니다.

제가 스트레칭에서 가장 중요하게 생각하는 것은 호흡입니다. 밤사이 수축한 근육을 이완시키는 것 이전에 호흡을 가다듬고 우리 몸에게 말을 거는 것인데요. 몸이 원활히 움직일 수 있도록 준비를 하는 것입니다. 제가 몸을 푸는 순서는 목, 어깨, 손목과 발목, 허리, 무릎 순입니다. 부위당 시계 방향으로 4번, 반시계 방향으로 4번, 이렇게 2세트를 합니다. 중요한 것은 역시 호흡이죠. 편하게 들숨과 날숨을 번갈아가면서 풀어주는 것이 좋습니다.

부위별 운동법을 설명하면, 제일 먼저 목부터 스트레칭합니다. 목을 완전히 뒤로 젖히고 호흡을 뱉습니다. 자연스럽게 호흡하면서 시계 방향으로 4바퀴를 돌립니다. 그리고 반대 방향으로 다시 4바퀴를 돌리면 됩니다. 이때 주의할 것은 빠르게 회전하면 안 된다는 것입니다. 4초에 1바퀴를 돌린다고 생각하고 목 근육의 이완을 충분히 느끼면서 회전하면 좋습니다.

다음은 손목과 발목입니다. 함께하는 방법이 있고 손목 따로 발목 따로 하는 방법이 있는데요. 저는 함께하고 있습니다. 왼손으로 오른쪽 손목을 잡고 2초에 1바퀴를 돌리는데 역시 총 4바퀴를 돌립니다. 그리고 반대로 다시 4바퀴를 돌리면 됩니다. 손목을 돌릴 때 발목도 함께 돌립니다. 반대로 오른손으로 왼손 손목을 잡고 같은 방법으로 스트레칭을 반복합니다.

어깨 운동은 양손의 손가락 전체를 양어깨에 올리고 팔을 180도로 폅니다. 그 상태에서 앞쪽으로 4바퀴를 돌리고 반대로 뒤쪽으로 4바퀴를 돌리면 됩니다. 이때도 역시 목을 풀 때와 같이 4초에 1바퀴 정도가 적당합니다. 동작이 너무 크거나 빠르면 오히려 어깨에 무리가 가서 좋지 않으니 본인의 몸에 맞게 크기와 회전 속도를 조절해야 합니다. 이때도 중요한 것은 역시 호흡이죠. 들숨과 날숨을 번갈아가면서 어깨를 풀어줍니다.

아무리 강조해도 지나치지 않은 운동 부위는 허리입니다. 우리 몸의 중심으로 힘의 원천이기도 한데요. 양손으로 허리를 잡고 시계 방향으로 4번, 반시계 방향으로 4번 돌려주면 됩니다. 이때 신경 써야 할 것은 회전 반경과 속도입니다. 회전 반경을 충분히 크게 해주고 속도는 가능한 한 천천히 근육의 이완과 수축을 느끼면서 합니다. 그다음은 허리를 구부리고 펴는 동작입니다. 발을 어깨너비로 벌린 상태에서 가능한 한 무릎을 펴고 손끝이 땅에 닿도록 내려갑니다. 그 상태에서 호흡을 뱉으면서 2~3초간 정지하는데요. 반대로 허리를 펼 때에는 양 손바닥으로 허리 뒤쪽을 잡고 허리를 충분히 펴줍니다. 역시 호흡을 뱉으면서 2~3초간 정지하고 이와 같은 동작을 4세트 반복하면 됩니다.

마지막으로 무릎 운동입니다. 무릎은 돌리는 것과 구부리는 동작이 있어요. 우선 돌리는 것은 양손으로 무릎을 잡고 시계 방향으로 4번을 돌립니다. 그다음 반시계 방향으로 4번을 돌리면 됩니다. 이때도 너무 빠르게 하지 말고 부드럽게 천천히 무릎 관절과 근육의 움직임을 느끼면서 하는 것이 효과적입니다. 무릎을 구부리고 펴는 운동은 양손으로 무릎을 잡고 앉았다가 섰다를 반복하는 동작입니다. 완전히 앉지 말고 허벅지가 지면과 수평이 될 정도로만 앉아주고 2초간 멈춥니다. 펼 때는 완전히 펴주고 약 2초간 고정합니다. 이와 같은 동작을 각각 4번씩

해주면 됩니다.

이상과 같은 스트레칭을 출근 전에 1번, 일하는 동안 1번, 퇴근 전에 1번 해줍니다. 신체 활력이 훨씬 더 좋아질 뿐만 아니라 부상 예방에도 도움이 되니 꼭 한번 실천해보세요. 더 중요한 것은 평소 바른 자세로 일하는 것이라는 사실 또한 잊지 마세요.

7장
04

규칙적인 운동을 하자

"매일 조금씩이라도 반복적인 운동은 보약 10첩보다 낫다"라는 격언은 없지만, 지금부터라도 기억해야 합니다. 나이가 들고 움직임이 적어질수록 근육량은 점점 줄어들게 되는데요. 몸무게는 그대로인데 근육은 줄고 지방은 늘어나는, 즉 팔다리는 가는데 배는 볼록 튀어나오는 기형적인 몸으로 변하게 됩니다. 몸에 좋다는 영양제와 보충제를 먹어도 눈에 띄게 개선되지는 않아요. 내 지방의 양만큼 아니 그보다 훨씬 많은 땀을 흘려야만 건강을 보상으로 받을 수 있습니다.

운동은 몸만 좋아지는 것이 아닙니다. 마음의 정화에도 큰 도움이 됩니다. 저는 초등학교 때 유도를 정말 열심히 했는데 그때는 왜 하는지도 모르고 했지만, 지금은 운동을 할 수 있는 환경을 만들어준 부모님께 감사하고 있습니다. 지금도 그 당시 배운 유도의 기술과 낙법을 몸이 기억하고 있으니까요. 그 덕분인지 마라톤도 꽤 잘했습니다. 2000년대 초 동아국제마라톤대회에 나가 오른쪽 무릎을 다치기 전까지만 해도 달리는 것을 무척 좋아했고 그 매력에 흠뻑 빠져 있었어요. 마라톤처럼 긴 거리를 오래도록 달릴 수 있는 것은 '러너스 하이' 현상 때문입니다. 육체의 고통을 뇌에서 나오는 쾌락 호르몬이 일종의 마취를 시키는 것이죠. 적어도 그 순간은 고통보다 쾌락이 몸과 마음을 지배합니다. 결국 머리가 맑아지고 무거웠던 몸조차 가벼워지는 것을 경험하게 됩니다.

바리스타라는 직업은 동적인 동시에 정적인 직업입니다. 좁은 공간에서 이리저리 움직이지만, 카페라는 공간에서 오랫동안 일을 하기에 활동적인 직업이라고도 보기 어려운데요. 이런 직업일수록 업무 외 시간에 그와 반대되는 활동을 하는 것이 도움이 됩니다. 저는 개인적으로 걷기, 마라톤, 등산을 추천합니다. 3가지 운동 모두 혼자 할 수 있는 것이며 별도의 레슨이나 비용이 들지 않아서 시간적으로나 금전적으로 부담이 덜합니다. 무엇보다 운동하면서 복잡한 생각을 정리하는 데 도움이 됩니다. 책상 앞에서는 아무리 고민해도 개선되지 않았던 일이 몸을 움직이면 엉킨 실타래가 풀리듯 해결되는 경우가 있습니다.

직장인이 아닌 자영업, 특히 몸을 쓰는 카페를 하기로 했다면 2가지 액티비티는 하지 않는 것이 좋습니다. 흔히 오토바이라고 하는 오토바이크와 자전거입니다. 오토바이크는 수긍이 가지만, 아마 자전거에 대해서는 왜냐고 묻는 분이 있을 텐데요. 정말 위험한 운동 중 하나입니다. 제 지인 가운데 한 사람은 얼마 전 남산에서 자전거를 타고 내려오다가 돌부리에 부딪혀 넘어져서 얼굴이 엉망이 되고 치아 4개가 부러지는 중상을 당했습니다. 한강에서 자전거를 타다가 도로 홈에 앞바퀴가 끼어 넘어져서 팔이 부러진 친구도 있었습니다. 직장인이라면 병가를 내고 쉬면서 회복을 할 수 있지만, 자영업자는 모든 것이 멈춰버립니다. 아예 수입이 없어지는 거죠. 그뿐이 아닙니다. 매장을 찾던 손님도 떠나게 되죠. 생각만 해도 끔찍합니다.

카페를 하면 꼭 해야 하는 주기적인 건강검진을 놓치는 경우가 많습니다. 먹고 사는 것이 바쁘다 보니 시간을 내 병원을 가는 것조차 버거울 때가 있죠. 더구나 아무 증상도 없는데 온종일 건강검진을 받는다는 것은 엄두가 나지 않습니다. 저 역시 그런 경우였는데요. 탈장을 미리 발견하지 못해 무려 2년이나 왼쪽 서혜부에서 오는 고통을 참아가며 일했습니다. 정확히 말하면 오진 때문이었는데요. 제가 좀 더 신경을 썼더라면 발견할 수 있었던 병이였습니다. 다행히 수술을 잘 받았고 예후도 좋아서 지금은 건강히 잘 지내고 있습니다. 몸에 이상이 없더라도 마흔이 넘었다면 건강검진에 소홀하면 안 됩니다. 건강검진은 시간 낭비가 아니라 결국 돈을 버는 길입니다.

좋아하는 커피를 오래도록 즐기고 손님을 기쁘게 하려면 나부터 건강해야 합니다. 내가 아프면 커피도 싫고 손님도 달갑지 않아요. 몸이 아픈데 커피 향이 향기로울까요? 빨리 집에 가서 쉬고 싶을 것입니다. 건강한 사람이 커피도 잘 만들 수 있고 돈도 벌 수 있는 법입니다. 하루에 딱 30분만 시간을 내세요. 아침이 안 되면 퇴근 후 집에 가서 아니면 걸어서 집에 가면서 운동을 하는 것입니다. 우리가 못하는 일의 대부분은 불가능한 것이 아니라 어려워서 혹은 번거로워서 생각하기도 싫은 것이 아닐까요. 운동도 그렇습니다.

7장
05

장사가 안 되면 마음의 병을 얻는다

"장사가 잘되면 육체의 병을 얻고, 안 되면 마음의 병을 얻는다"라는 말이 있습니다. 아무래도 손님이 늘어나면 더 많은 일을 해야 하고 그 과정에서 몸에 무리가 오기 때문이죠. 직원을 채용한다고 해도 체계적인 시스템으로 정착하기 전까지는 사장이 몸으로 뛰어야 합니다. 그런데 장사가 안 되면 어떻게 될까요? 한숨만 푹푹 쉬다가 마음에 병이 생깁니다. 마음의 병은 육체를 약화시켜 외부 질환에 제대로 저항하지 못하고 병들게 되는데요. 우리가 수도승이 아닌 이상 사업을 시작했다면 돈을 벌어야 하는 이유이기도 합니다.

나이를 먹으면 젊음을 잃듯이 얻고 잃음의 총량은 결국 영으로 수렴합니다. 겉으로 보이는 것이 다를 뿐이지 본질적으로 같습니다. 우리가 커피를 만들면서 많은 손님을 받았다면 그만큼 세상에 많은 쓰레기를 버리고 환경을 오염시켰다는 의미입니다. 그래서 돈을 벌면 사회를 위해 써야 하는 것이죠. 어차피 총량이 같다면 장사가 안 되는 것보다는 잘되는 게 낫습니다. 그리고 무조건 시간을 떼어내 건강을 돌보는 데 사용해야 합니다.

앞에서 언급하지 않았지만, 장사가 잘된다고 해도 마음의 병을 얻을 수 있습니다. 흔히 '진상 손님'이라고 하는 사람들 때문인데요. 현실적으로 장사가 안 되는 곳보다는 잘되는 곳에 진상 손님이 더 많을 가능성이 큽니다. 50명 중 1명이 문제 있는 손님이라고 가정하면 하루에 손님을 30명 받는 곳보다 100명 받는 곳이 확률이 높으니까요. 불가피하게 겪을 일이라면 마음의 병으로 악화하지 않도록 본인 스스로 스트레스 관리를 잘해야 합니다.

저는 나름대로 스트레스 관리법이 있습니다. 마음의 병으로 가기 전에 한번 제동을 걸어주고 폐기물 처리를 해주는 과정이죠. 몇 가지를 소개하면 과거의 사진 보기, 돌아가신 부모님 생각하기, 자는 딸 얼굴 쓰다듬기, 오래된 LP판을 닦고 듣기 등입니다. 적어도 하루에 1번은 이상에서 언급한 것 중 하나를 꼭 하는 편인데요. 어떤 때는 소리 없이 눈물이 흐르기도 해요. 자연스레 멈출 때까지 마음의 정화를 온전히 느끼면서 그 순간을 보냅니다.

과거 여행을 다닐 때 세계 곳곳을 담은 사진, 풋풋했던 대학 시절의 웃음 가득한 표정, 지금 봐도 멋진 타이를 메고 동료들과 어깨동무하며 흥에 취한 모습, 처음 카페를 열고 기대감에 미소를 지었던 모습들을 보고 있노라면 지금 건강하게 살아 있음에 감사하게 됩니다. 비록 큰 성공을 이루지는 못했으나, 가족을 건사할 수 있는 사업장이 있고, 피곤한 몸을 누일 수 있는 작은 안식처가 있음에 감사하며 다시 한번 힘을 냅니다.

제가 커피를 했기 때문은 아니었으나, 제가 커피를 하고 난 후 3년 간격으로 부모님을 모두 여의었습니다. 정말 좋아하는 일을 찾아 떠난 아들의 새로운 도전을 묵묵히 응원해주셨던 부보님을 생각하면 헐거워진 마음의 신발 끈을 다시 동여매게 됩니다. 부보님은 세상에 없지만, 마음에서 언제든 꺼내 회상할 수 있다는 것은 저에게 한없이 큰 힘과 위로가 됩니다.

아무리 힘들고 지쳤더라도 곤히 자는 딸의 얼굴을 보고 있노라면 저절로 미소가 지어집니다. 흔히 아빠 미소라고 하죠. 정작 나는 볼 수 없으나, 상상만으로 기분 좋은 아빠의 미소는 아이가 내게 주는 최고의 선물이기도 합니다. 그 아이가 아니었다면 저의 어떤 능력으로도 가질 수 없는 표정이기 때문이죠. 이 아이를 위해서라도 내가 더 힘을 내자, 손님이 준 상처도 깨끗이 씻어내자고 다짐하게 됩니다.

제가 귀하게 여기는 것 중 하나는 고등학교 때 모은 50여장의 LP입니다. 오리지널 사운드트랙도 있고 복사본도 있지만, 하나같이 더없이 사랑스러운 것들인데요. 부족한 용돈을 아껴 애면글면 모은 것이라 더욱 애정이 갑니다. LP판에 묻은 먼지를 정성스레 닦아내고 바늘을 올리면 조금 거치나 심금을 울리는 소리가 마음을 두드립니다. 숨을 길게 내쉬고 코로 들이쉬면 마음에 쌓인 세상의 먼지가 언제 그랬냐는 듯 정화되는 것을 느낍니다.

누구도 여러분의 마음을 위로해줄 수 없습니다. 돈이 해결해주지도 않죠. 그러나 없으면 무엇보다 힘들고 어려운 고통이 물질의 부재인데요. 결국 장사가 안 되면 마음의 병을 얻습니다. 매일매일 쌓아두지 말고 자기만의 치유 방법으로 털어내길 바랍니다. 이제부터 여러분이 쌓을 것은 신용과 손님 그리고 재물이니까요.

7장 06

매일매일 내가 왜 커피를 하는지 다짐하자

커피를 업으로 삼은 사람 가운데 커피를 사랑하지 않았던 사람은 1명도 없을 것입니다. 작심삼일은 커피에도 적용됩니다. 3일은 심하고 3개월 정도로 해두면 맞을 것 같네요. 만약 카페를 열었다면 2달 안에 일편단심 커피를 향한 마음이 변할 가능성도 큽니다. 나는 절대로 변하지 않는다고 다짐하는 사람은 반대로 "나는 곧 변할 거야"로 해석하면 거의 틀리지 않습니다. 커피를 평생의 업으로 삼을 계획이라면 마음을 더 단단히 먹어야 합니다.

아무리 뜨거운 사랑이라도 결국 차디차게 식습니다. 변하지 않고 식지 않은 사랑은 세상에 없다는 것을 우리는 경험적으로 알잖아요. 기혼자인 분들은 이해가 더욱 빠를 것입니다. 지금도 아내와 남편과 뜨거우신가요. 그렇다면 심장이 너무 뜨거운 분들이니 건강에 유의하세요. 저 역시 커피가 너무 좋아 멀쩡한 직장을 그만두고 이 길에 들어섰는데요. 내가 왜 이 힘든 길을 선택했을까를 한번도 생각해보지 않았다고 하면 거짓말일 것입니다. 저 역시 이래저래 답답했으니까요. 지금도 커피에 구애하고 사랑받으며 연애하듯 줄다리를 하고 있습니다. 그런데도 사랑이 식듯 커피도 식어서 그 맛이 한없이 쓸 때가 있습니다.

결혼 후 부부가 뜨거운 사랑이 아닌 고운 정 미운 정으로 살아가듯 카페를 하는 것도 크게 다르지 않습니다. 내 커피 맛을 알아주는 사람이 있으면 그 손님의 칭찬 한마디에 힘을 얻고요. 힘든 손님을 만나면 "저 사람도 오늘 무슨 일이 있었겠지" 생각하고 맛있는 커피를 드리면 언젠가는 그 손님도 내게 힘을 주는 손님으로 변할 것입니다. 안 되더라도 여러분 탓이 아니니 너무 상심하지는 말고 맛있는 커피를 마시면서 "커피 하기를 참 잘했어"라고 자신에게 속삭여보세요.

어떻게 사람 마음이 한결같을 수 있겠습니까. 매일 조금씩 다잡아 가면서 살아가는 것 아닐까요. 모든 손님에게 한결같이 잘 대하기란 거의 불가능에 가깝습니다. 더구나 내 마음에 상처를 주는 손님이라면 더욱 그렇죠. 장사를 한다는 것은 마음을 완전히 비우는 것입니다. 간혹 장사를 잘하는 분들을 가까이서 보면 구도자 혹은 수도승 같다는 생각마저 드는데요. 저들은 어떻게 모든 손님에게 웃음기 있는 얼굴로 친절하게 잘하는 것일까 궁금할 때가 있습니다. 그들에게 물어보면 예외 없이 같은 대답을 하는데요. "저희도 사람이에요. 손님이니까 잘하려고 하는 거죠."

제가 쓴 책이나 출연한 방송을 보고 저를 찾아오는 분들과 대화를 나누다 보면, 본인이 왜 커피를 하려고 하는지 목적과 목표가 분명하지 않은 경우가 꽤 있습니다. 그 때문인지 깊이 대화를 나누다 보면 과거 슬럼프를 겪었고 지금도 그 과정 중에 있는 분들도 있어요. 특히 커피가 좋아 그것을 배웠고 일하면서 창업을 준비하는 분들 가운데는 더 심각한 예도 있어요. 카페를 하려는 목적과 목표가 막연하다는 것입니다. 그냥 하다 보면 되지 않을까 하는 생각은 정말 위험합니다. 차라리 조금 겁을 먹는 게 낫습니다. 본인이 부족하다고 생각하면 더 신중하게 되고 그것을 채우기 위해 노력하게 될 테니까요. 지금 커피를 업으로 삼을 예정이라면 하얀 종이 위에 써보세요. 내가 커피를 왜 하려고 하는지, 그것을 통해 이루고자 하는 것은 무엇인지, 구체적인 목적과 목표가 있는지 말입니다.

저 역시 아침에 일어나면 오늘 할 일을 떠올리며 힘차게 살아야겠다 다짐합니다. 조금 힘든 일이 있더라도 주저앉지 말자고 저에게 용기를 주고 하루를 시작합니다. 제가 얼마나 커피를 사랑하는지 언제까지 할 것인지 저 역시 잘 모르겠습니다. 다만 확실한 것은 저는 커피에 관한 글을 읽고 쓰던 책상에서 혹은 커피 바에서 생의 마지막 순간을 맞이하고 싶다는 것입니다. 아내에게 당부한 말이 있어 소개합니다.

"내가 죽으면 내 손에 콜롬비아 수프리모 우일라 생두 한 줌(20g)을 쥐게 한 뒤 화장해줘. 비록 차갑게 식은 육신이지만, 커피 향 가득한 재가 되도록."

7장 07 손님이 없는 시간을 잘 활용하는 법

"그 사람의 진짜 모습을 알려면 혼자 있을 때 무엇을 하는지 물어보라"는 말이 있습니다. 혼자 있는 시간을 어떻게 보내느냐에 따라 그 사람의 인생이 결정되기도 합니다. 누구는 하루에도 몇 시간씩 별 시답지 않은 영상을 보느라 스마트폰을 붙들고 있습니다. 반면에 어떤 이는 시간을 쪼개 공부와 운동을 하죠. 같은 24시간을 살지만 시간의 밀도는 천양지차입니다.

카페에서 일하다 보면 손님이 몰리는 피크 타임이 있고, 1시간에 1명의 손님도 없을 때가 있습니다. 손님이 없는데 가만히 서 있기도 뭐하고 그렇다고 계속 청소만 할 수도 없어요. 카페에 손님이 없을 때 사장이나 직원이 무엇을 하는지 보면, 들어갈 곳인지 아니면 지나칠 곳인지 가늠이 됩니다. 커피 바는 원두 가루와 오물 등으로 지저분한데 스마트폰이나 보고 시시덕거리면서 있다면, 굳이 커피를 마셔보지 않아도 어떤 카페인지 대충 감이 옵니다.

손님이 없을 때 카페를 청결히 하고 시간이 남을 때 하면 좋은 일 몇 가지를 추천합니다. 첫째, 무엇보다 책을 가까이하세요. 둘째, 틈틈이 짧게라도 글을 쓰세요. 셋째, 스트레칭 등 가벼운 운동을 하세요. 넷째, 추출과 메뉴 개발 등 커피에 관해 연구하세요. 아침에 출근해 저녁에 퇴근할 때까지 우리는 좋으나 싫으나 카페에서 머물러야 합니다. 기왕 보내는 시간을 조금 더 알차게 사용하면 결국 그저 그런 카페와는 다른 경쟁력 있는 카페가 될 수 있습니다.

책 읽기의 중요성에 대해서는 아무리 강조해도 지나침이 없습니다. 대개 시간이 없어서 책을 못 읽는다고 하는데요. 정말 그럴까요? 당장 눈앞에 닥친 일을 해내느라 책까지 신경 쓸 여유가 없다는 분도 있습니다. 책을 읽는 것이 당장 카페 매출에 도움이 되는 것은 아닙니다. 손님이 많아지는 것도 아니고, 커피가 더 맛있어지는 것도 아닙니다. 그러나 책을 읽으면 행간에서 새로운 아이디어를 얻고, 생각지 못한 해결 방법이 떠오르기도 합니다. 그럼 왜 지금 책을 읽어야 할까요? 나중에 정말 책 읽을 시간이 없기 때문입니다. 여러분이 장사가 너무 잘된다고 가정해보세요. 그때 후회해도 소용없습니다.

학교 다닐 때도 글을 못 썼는데 지금 어떻게 글을 쓰냐며 반문하는 분이 있습니다. 여러분이 나중에 책을 쓰지 말라는 법 있나요? 사업이 잘돼 커피에 관한 책을 쓸 날이 올 수도 있습니다. 짧은 글이라도 좋으니 매일 조금씩 글을 쓰세요. 인스타그램이나 페이스북에 쓰는 것도 도움이 됩니다. 어느 정도 익숙해지면 나중에는 맞춤법도 신경 쓰고 문장도 어순에 맞게 다듬어보세요. 할 수 있다면 펜으로 쓰는 습관을 들이면 좋습니다. 업무 다이어리에 매일 할 일과 계획 등을 정리하는 것도 글쓰기에 도움이 됩니다.

카페에서 할 수 있는 운동에서도 언급했듯 손님이 없는 시간에 가벼운 몸풀기는 스트레스와 피로 해소에 도움이 됩니다. 자기 몸에 맞는 스트레칭법을 만드는 것도 좋아요. 우선은 제가 추천한 방법대로 해보고 응용 동작을 만들어보세요. 가능하다면 직원들과 함께 해보고, 우리 카페만의 스트레칭 매뉴얼을 만드는 재미도 있을 것입니다. 하품만 하며 가만히 시간을 보내는 것보다는 훨씬 건강한 시간이 되지 않을까요.

아무리 바쁜 매장이라도 손님이 뜸한 시간이 있습니다. 이때 새로운 메뉴를 만들어보고 테스트해보세요. 굳이 시간을 내서 하지 말고 틈틈이 커피에 관한 연구를 해야 합니다. 추출에 문제는 없는지, 그라인더 세팅은 올바른지, 계절에 따른 메뉴 개발이 필요하지는 않은지 등 생각하고 행동할 일이 무궁무진합니다. 손님이 없는 지금이 오히려 내가 한 단계 더 발전할 수 있는 기회라고 생각해야 합니다.

제 지인 가운데 한 분은 손님이 없는 시간이면 아이패드에 그림을 그립니다. 미술을 전공한 분도 아니고, 그림에 재능이 있지도 않지만 매일 조금씩 그리다 보니 자연스레 실력이 늘었고 이제 제법 그럴듯한 그림을 그립니다. 그림은 컵이나 잔 받침 등을 제작할 때 활용하는데요. 이상에서 언급한 것 외에도 나는 카페 영업 중 자투리 시간에 무엇을 할 것인지 자기만의 시간 보내는 방법을 생각해보세요. 그 시간을 어떻게 보냈느냐에 따라 나중에 놀라운 변화를 보상으로 받을 수 있을 것입니다.

8장 세금 관리

01 국세청 업무를 위한 홈택스 이해하기

사업자를 내고 카페를 운영하다 보면 1년에 몇 번씩 세금 신고와 납부 때문에 골머리를 앓을 때가 있습니다. 장사가 안 되면 낼 세금이 없으니 마음이 상하고, 장사가 잘돼 많은 세금을 내더라도 마음이 달갑지는 않을 텐데요. 이유인즉 분명 벌기는 했는데 통장에 남아 있는 돈은 없으니까요. 그래서 통장을 다른 말로 '텅장'이라고 하나 봅니다. 세금 신고와 납부를 위해 꼭 알아야 하는 홈택스와 손택스에 대해 살펴보겠습니다.

홈택스와 손택스는 국세청이 납세자의 편의를 위해 만든 인터넷 세무서라고 할 수 있습니다. 웬만한 것은 굳이 세무서에 가지 않더라도 홈택스에서 업무 처리가 가능합니다. 홈택스가 PC 사용자를 위한 UI(User Interface)라면 손택스는 스마트폰이나 태블릿 사용자를 위한 UI입니다. 홈택스보다 손택스의 UI가 비교적 단순하고 명료해서 스마트폰만으로도 대부분의 홈택스 업무가 가능합니다.

홈택스의 UI는 조회/발급, 민원증명, 신청/제출, 신고/납부, 상담/제보, 세무대리/납세관리로 구성되는 반면에 손택스에는 세무대리/납세관리 UI가 없는 것이 특징입니다. 그리고 손택스는 홈택스에서 많이 쓰는 항목들을 모아놓은 것이라 조회/발급의 경우에도 홈택스에서는 근로·자녀장려금의 신청안내대상자여부 조회 항목이 있지만, 손택스에는 이 항목이 없어요. 홈택스든 손택스든 모든 항목에 대해 알 필요는 없습니다. 주로 사용하는 일부 내용만 제대로 알고 있어도 세무 업무를 보는 데 아무 지장이 없습니다.

우선 조회/발급부터 알아보겠습니다. 가장 많이 사용하는 항목은 전자세금계산서 발급과 발급목록조회입니다. 본인이 일반사업자라면 전자세금계산서를 발급할 수 있습니다. 건별로 혹은 한꺼번에 발급이 가능합니다. 대신에 전자세금계산서를 발급하려면 홈택스에서 회원가입 후 은행에서 전자세금계산서 발급용 공인인증서를 받아야 합니다. 이미 발급한 전자세금계산서를 조회할 수도 있어요. 홈택스에 사업자 신용카드를 등록하면 사용 내역이 자동으로 홈택스에 저장돼 세금 신고 시에 편리합니다. 이 역시 조회/발급의 현금영수증 항목에서 가능합니다. 그다음으로 국세환급금이 있는지 조회할 수 있고, 거래 당사자의 사업자 상태를 사업자등록번호나 주민등록번호로 조회할 수 있습니다.

민원증명에서는 은행에서 대출받거나 사업자등록증을 분실 또는 훼손했을 때 재발급받는 데 이용하면 좋습니다. 대표적인 것으로는 국세완납증명서, 소득금액증명, 부가가치세과세표준증명, 표준재무제표증명 등이 있는데요. 사업 개시 전이나 개시 후 1년이 지나면 은행에서 대출할 일이 있습니다. 은행에서 요구하는 서류 대부분은 홈택스의 민원증명에서 해결할 수 있으니 어떤 항목들이 있는지 평소 틈틈이 보면 도움이 됩니다.

신청/제출은 현금영수증전용카드와 사용자등록신청 그리고 휴폐업 신고 시에 활용할 수 있습니다. 현금영수증은 소비자용과 사업자용이 있으며 발급과 동시에 홈택스에 등록이 돼 편리합니다. 굳이 관할 세무서에 가지 않아도 사업자등록신청을 할 수 있습니다. 사업자등록은 자주 있는 일은 아니기에 가능하면 세무서에 가서 직접 하는 것을 추천합니다. 휴폐업 신고 역시 관할 세무서 담당자의 안내를 받아 신중하게 하는 것이 좋아요. 뒤에서 언급하겠지만, 기간을 잘못 맞추면 세금계산서 발급이나 수령 시 문제가 발생하기도 하니 주의해야 합니다.

신고/납부는 아마 여러분들이 가장 싫어하게 될 항목입니다. 부가가치세와 종합소득세 신고와 국세를 내거나 납부 내역을 조회할 때 유용한 것입니다. 세무 대리인이 있다면 부가가치세와 종합소득세 신고를 본인이 하지 않기 때문에 사용할 일은 없을 것입니다. 증여세, 양도소득세, 종합부동산세 등을 내야 할 때에도 활용하면 도움이 됩니다. 간혹 국세 납부 후 환급금이 발생할 때도 있습니다. 여기에서 조회할 수 있으니 놓치지 말고 꼭 환급받으세요.

그 외에 상담/제보나 세무관리/납세대리가 있으나, 쓸 일이 거의 없습니다. 로그인하면 세무관리/납세대리 UI는 세무 대리인에게만 보이고 우리에게는 보이지 않아요. 한번 쭉 훑어보면 누구나 어렵지 않게 이해하고 사용할 수 있으니 사업자를 낼 예정이거나 이미 낸 분이라도 다시 꼼꼼히 살펴보길 바랍니다.

8장
02

지방자치단체 업무를 위한 위택스 이해하기

생애 첫 개인사업자를 내면 규모와 크기에 관계없이 놀라는 것이 있습니다. 세상에 이렇게나 다양하고 많은 세금을 내야 한다는 것이죠. 매출이 늘어나고 사업의 규모가 커질수록 내야 할 세금의 양은 점점 늘어납니다. 세금 내려고 사업하나 싶을 정도죠. 그 가운데는 지방세도 있습니다. 종합소득세의 10%에 해당하는 지방소득세, 등록면허세, 주민세, 자동차세, 부동산 취득세 등이 그 예입니다. 위택스를 이용하면 각종 세금을 한눈에 확인할 수 있고, 신고부터 납부까지 한자리에서 가능합니다.

위택스는 PC용 UI와 스마트폰과 태블릿용 UI가 따로 있습니다. 스마트폰과 태블릿에서 위택스 전체 서비스를 이용하려면 전용 앱을 내려받아 설치해야 합니다. 그렇지 않으면 스마트폰은 아예 서비스를 이용하지 못하고, 태블릿은 간소화 페이지로 바로 연결이 됩니다. 저 역시 앱을 설치해 위택스를 이용하고 있어요. 우선 회원가입을 하고 필요에 따라 공인인증서 등을 등록하면 보다 편하게 로그인할 수 있습니다.

PC를 기준으로 UI를 살펴보면 신고하기, 납부하기, 납부결과, 환급신청, 부가서비스, 지방세정보, 나의위택스로 구성됩니다. 스마트폰이나 태블릿용 앱은 조회·납부, 전자송달, 자동납부, 환급금으로 더 간소합니다. 둘 다 홈택스에 비하면 비교도 안 될 정도로 간단하고 항목도 적어서 상대적으로 이용이 편리합니다.

신고하기는 최초로 영업신고증을 신고하거나 직원의 주민세, 자동차세, 지방소득세 등을 신고할 때 활용합니다. 대개 영업신고증은 인터넷보다는 직접 관할 구·군청에 가서 하므로 이용할 일은 거의 없어요. 세무 대리인이 있다면 직원의 주민세 업무 역시 그쪽에서 대행해주기 때문에 신경 쓸 일이 거의 없습니다. 자동차세는 연납 신청을 할 때 유용합니다. 원칙상으로는 상반기와 하반기 2번을 내는데, 1번에 내는 연납 신청을 하면 10% 할인을 받을 수 있어 경제적입니다. 지방소득세는 종합소득세 신고 시 함께하는데 세무 대리인이 없다면 직접 위택스에서 하면 됩니다.

납부하기에서는 말 그대로 납부할 지방세를 조회할 수 있습니다. 상하수도요금도 위택스에서 조회 후 납부 가능합니다. 전자납부번호를 알고 있으면 조회 시 편리하나, 현실적으로 고지서를 가지고 있지 않은 한 그 번호를 알 길이 없습니다. 평소 전자납부번호를 등록해놓으면 따로 입력할 필요 없이 낼 지방세를 조회할 수 있으니 활용해보세요.

납부결과에서는 이미 낸 지방세에 대한 조회가 가능합니다. 납부확인서, 납세증명서, 세목별과세증명서 등 증명서 발급도 가능합니다. 은행에서 대출받을 때 지방세납세증명서를 많이 요구하니 증명서 필요시 이 항목을 이용하면 됩니다. 이와 비슷한 서비스는 정부 24(www.gov.

kr)에서도 제공하고 있어요. 많이 이용하는 것은 아니나, 지방세예약납부도 납부결과 항목에서 가능하니 참고하세요.

제가 개인적으로 가장 좋아하는 항목은 환급신청입니다. 자주 있는 일은 아니지만, 간혹 자동차를 중고로 팔거나 지방소득세를 중간예납한 경우 환급액이 발생하기도 합니다. 주민등록번호만으로도 조회할 수 있으니 혹시 있을 환급금을 확인해보세요. 이 항목에서는 지방세환급계좌도 등록할 수 있습니다. 평소 환급받을 계좌를 등록해놓으면 편리하게 이용 가능하니 자기 명의의 계좌를 등록해 활용하세요.

부가서비스에서는 고지서 전자송달 신청, 문자알림 신청, 간편납부번호 신청, 지방세 자동납부 신청 등을 할 수 있습니다. 평소 알림이나 자동납부를 신청해두면 납부기한을 놓치지 않을 수 있으니 활용해보세요. 세무 대리인이 있다면 여기에서 주민세 사업소 분 대행 신청을 할 것입니다. 대행인 신청을 하면 위임자 승인에서 대리인을 검색한 후 승인해주면 됩니다.

지방세 정보에서는 세금에 대한 기본적인 정보와 법령 개정사항 등을 제공하고 납부를 위한 각종 서식 등을 내려받을 수 있습니다. 여기에서 재미있는 것은 건축물 시가표준액 조회와 회원권 시가표준액 조회인데요. 관할자치단체와 주소를 알면 건축물과 골프·콘도·체육·승마 회원권의 시가표준액을 조회할 수 있어 유용합니다. 이 외에도 나의 위택스에서는 이달의 지방세, 고지서 전자송달, 자동납부에 관한 정보를 얻을 수 있습니다. 평소 조금만 관심을 가지면 의외로 유용한 정보 등을 얻을 수 있으니 위택스 홈페이지를 한번 방문해보는 것은 어떨까요.

8장 03 간편장부와 복식부기 대상자의 기준과 특징

사업자등록증을 내고 본격적으로 사업을 시작하면 연간 매출액에 상관없이 모두 장부 작성의 의무가 있습니다. 개인사업자는 매출액에 따라 간편장부와 복식부기 대상자로 나뉘게 됩니다. 법인사업자는 사업 규모와 관계없이 반드시 재무제표에 의한 복식장부 기입으로 세금 신고를 해야 합니다. 변호사, 회계사, 세무사, 의사, 약사 등 전문직 사업자 역시 매출 규모와 별개로 반드시 복식부기 대상자로 분류되는데요. 간편장부와 복식부기 대상자의 의미와 그 둘 간의 차이 그리고 특징은 무엇인지 알아보겠습니다.

간편장부 대상자는 사업과 관련된 거래를 날짜별로 단순하게 수입과 지출로 나누어 기록하더라도 정상적인 장부 기입으로 인정하는 신고 유형을 의미합니다. 그 대상으로는 해당 연도의 신규 사업자, 전년도 매출액이 일정 금액에 미치지 못하는 개입사업자입니다. 그 매출액은 다음의 표와 같습니다. 세무 당국에서는 이들에만 복잡한 복식부기 대신에 간편장부로 작성하도록 배려하고 있습니다.

구분	3억 원 미만	1억 5000만 원 미만	7500만 원 미만
직업군	농업, 임업·수렵업, 어업, 광업, 도·소매업, 부동산매매업, 기타 사업	제조업, 숙박·음식점업, 전기·가스·증기·수도사업, 하수·폐기물 처리·원료재생·환경복원업, 건설업, 운수업, 출판·영상·방송·통신· 정보서비스업, 금융·보험업, 상품중개업	부동산임대업, 부동산 관련 서비스업, 임대업, 전문·과학 및 기술서비스업 등 각종 서비스업, 보건업, 가구 내 고용 활동

복식부기 대상자는 손익계산서와 재무제표로 복식장부를 작성해야 하는 신고 유형을 의미합니다. 간편장부와 달리 상거래 발생 시 자본과 부채 그리고 자산, 수익과 비용 등 재무제표와 손익계산서의 기재 사항으로 분류해 장부를 기입해야 하므로 개인이 하기에는 어려움이 있어요. 대부분 이 정도 매출이 되면 기장 업무를 대리해주는 세무사에게 의뢰해 전문적인 세무 서비스를 받게 됩니다.

표에 따르면 카페는 연간 매출액이 1억 5000만 원 이상이면 복식부기 대상자가 됩니다. 사업을 처음 시작하는 사람이나 매출과 수익에 대한 이해가 부족한 경우, 매출액을 수익과 동일시하지만 매출과 수익은 확연히 다른 것으로 매출에서 비용과 세금 등을 제한 것이 수익이 됩니다. 즉, 매출 1억 5000만 원은 그 자체로는 커 보이나 각종 제반 비용과 부가가치세와 종합소득세 등을 빼면 실소득은 월 300만 원도 안 될 정도로 큰 금액이 아닙니다.

본인이 간편장부 대상자임에도 불구하고 복잡한 복식부기를 하는 경우가 있습니다. 이런 사업자에게는 정부에서 기장세액공제라는 세제 혜택을 줍니다. 산출세액의 20%를 공제해주는데, 한도는 100만 원까지입니다. 예를 들어 산출세액이 1000만 원이 나왔다면 200만 원이 아닌 100만 원까지만 세액공제를 해준다는 의미인 거죠. 카페를 처음 시작하면 테이크아웃 컵 하나까지 아까우므로 기장 업무를 맡긴다는 것에 금전적으로 부담감을 느낍니다. 하지만 커피를 만들고 손님을 응대하는 본 업무에 충실할 수 있다는 것과 일부 세액공제를 받는다는 것 그리고 장부 작성의 번거로움에서 자유로울 수 있다는 것을 고려하면 아깝지 않습니다. 향후 시작하는 카페가 잘돼서 복식부기 대상자가 되기를 바라겠습니다.

8장
04

1년에 2번, 부가가치세의 이해와 신고

사람이 숨을 쉬는 곳에는 반드시 따라오는 것이 있으니 바로 세금입니다. 소득이 있는 곳에는 소득세가 있고, 매출이 있으면 부가가치세가 반드시 따라옵니다. 즉, 역마진이어도 부가가치세는 내야 합니다. 앞에서 간이사업자와 일반사업자의 차이에 대해 설명했으니 자세한 내용은 다시 찾아보세요. 이번에는 부가가치세를 신고하는 방법과 부담해야 할 금액은 어떻게 산정되는지 살펴보겠습니다.

경험적으로 일반사업자를 기준으로 매출에서 부가가치세의 비중은 약 6% 내외입니다. 예를 들어 1월 1일부터 12월 31일까지 1년 동안의 매출이 1억 원이라고 가정했을 때 부담해야 할 부가세는 600만 원 내외라는 거죠. 그럼 왜 600만 원일까요? 매출 1억 원이 합계금액이라고 한다면 공급가액은 90,909,090,909원이고 부가세액은 9,090,909,091원인데 말이죠. 그 이유는 부가가치세의 정의에 기인합니다. 부가가치세란 거래단계별로 재화나 용역에 붙는 마진입니다. 즉, 매출금액과 매입금액의 차이가 이윤이자 과세대상금액이 되며 그 금액의 10%가 부가가치세로 부과됩니다.

부가가치세는 연매출 4800만 원 미만의 간이사업자의 경우 1년에 1번, 일반사업자는 2번 신고합니다. 다만 납부는 좀 다릅니다. 간이사업자는 1월에 본 납부가 있고, 7월에 예정 납부를 합니다. 일반사업자는 1월과 7월에 본 납부가 있고, 4월과 10월에 예정 납부를 합니다. 예정 납부를 하는 것은 1막에서 언급했듯 국가 재정의 안정을 도모하고 납세자의 부담을 경감시키기 위해서입니다. 미리 세금을 걷으니 국가 재정에는 도움이 되겠지만, 솔직히 납세자에게는 더 부담이 됩니다.

부가세 신고를 위해서는 사업자 카드를 국세청 홈택스에 등록해 사용하고 평소 매입세금계산서를 잘 받아놔야 합니다. 매입하는 모든 것의 근거를 남겨놓는 것이 중요합니다. 이것만 잘해도 부가세 신고 시 수고를 덜 수 있습니다. 가공되지 않은 농수산물을 제외하고는 거의 모든 제품에 부가세가 포함돼 있어요. 간이사업자의 경우 부가세 부담이 적기 때문에 부가세가 포함된 제품을 매입하는 것이 조금 아깝다고 생각될 수도 있습니다. 사업용으로 구매한 것이라면 나중에 종합소득세 때 반영할 수 있기 때문에 걱정하지 않아도 됩니다. 어쨌든 모든 매입은 가능하면 세금계산서를 받아 놓으라는 것입니다.

부가세를 신고하기 위해서는 우선 대상 기간의 매입과 매출세금계산서 및 계산서, 카드 매출집계표, 네이버 스마트스토어 등 온라인 매출, 배달의 민족과 쿠팡이츠 등 구매 대행 매출, 현금영수증을 제외한 현금 매출, 매입 간이 영수증 등이 필요합니다. 전자세금계산서와 계산서 그리고 현금영수증은 이미 홈택스에 등록이 돼 있어서 따로 준비하지 않아도 됩니다. 만약 세무 대리인이 있다면 이상의 자료를 넘기면 되고, 그렇지 않으면 홈택스의 부가가치세 신고 항목에 가서 입력하면 됩니다. 매출이 일정 이상 되고 직원이 있다면 세무 대리인에게 맡기는 것이 여러모로 효과적입니다. 물론 신고 전에 세무 대리인이 누락한 것은 없는지 확인하는 것은 본인의 몫이니 꼭 챙겨야 합니다. 세무 대리인도 사람이고 내 것만 하는 것이 아니라 여러 업체를 서비스하기 때문에 실수가 있을 수 있으니 크로스 체크를 하는 것이 중요합니다.

이미 부가세를 신고해본 사람들은 이해하겠지만, 부가세는 빚으로 낸다는 말이 있습니다. 손님이 커피를 사고 카드로 지불하면 그 금액 속에는 이미 부가세가 포함돼 있는데요. 2~3일 후에 카드수수료를 제외한 금액이 카드와 연결된 계좌로 입금됩니다. 매달 말일에 매출액의 6%를 떼어 다른 통장에 옮겨 놓고 부가세를 대비하는 사람을 제외하고는 매년 사업자 통장에 남은 자금으로 부가세를 2번 또는 4번을 내야 합니다. 여유 자금이 좀 있는 분들을 제외하고 그 돈이 남아 있을 리 없습니다. 그래서 부가세는 빚으로 낸다는 말이 생긴 것이죠.

8장 05 1년에 1번, 종합소득세의 이해와 신고

근로자가 연말정산으로 내야 할 세금을 정리했다면, 사업자는 종합소득세로 지난 1년간 벌어들인 수입에 대한 세금을 정산합니다. 종합소득이란 근로, 사업, 이자, 배당, 연금, 기타의 합을 말하는데요. 세액은 과세표준에 세율을 곱해 산출하는 것이라서 누진세율이며, 과세기간은 전년도 1월 1일부터 12월 31일까지 1년입니다. 종합소득세의 신고와 납부는 다음 해 5월 말까지 마쳐야 하며, 이를 어기면 가산세가 부과됩니다. 본인이 직접 홈택스에서 신고하는 방법과 세무 대리인을 통한 방법이 있습니다. 본인이 직접 신고하지 않더라도 종합소득세의 개념과 절세 방법에 대해서 어느 정도 이해하고 있어야 합니다.

흔히 세금의 대상 금액이 되는 과세표준은 종합소득액에서 소득공제를 제한 것을 말합니다. 과세표준에 세율을 곱하고 누진공제액을 빼면 납부해야 할 산출세액이 나옵니다. 종합소득액 중 우리가 관심을 가져야 하는 것은 사업소득입니다. 이는 흔히 매출액이라고 하는 총수입

금액에서 매입액과 인건비 등 필요경비를 제한 것이죠. 매출액은 카드와 현금으로 구분할 수 있습니다. 요즘 매출의 대부분이 카드고 일부 현금도 영수증을 발행하기 때문에 매출이 거의 100% 노출됩니다. 결국 필요경비를 많이 잡아야 절세를 할 수 있으니 평소 매입세금계산서와 지출증빙용현금영수증 그리고 인건비 신고 등을 빠뜨리지 말아야 합니다.

사업소득이 결정됐다면 소득공제를 최대한 많이 받아야 세금을 줄일 수 있습니다. 그 내용으로는 기본공제, 추가공제, 연금보험료공제, 특별소득공제, 조세특례제한법공제가 있어요. 기본공제는 부양가족공제로 보면 됩니다. 본인, 배우자, 부양가족 1인당 150만 원씩 공제받을 수 있고 장애인이나 70세 이상의 노부모를 모시고 있다면 추가로 공제받을 수 있습니다. 이미 낸 국민연금보험료 전액에 대해서는 공제해주고 있어요. 소상공인이 노란우산공제에 가입하면 연 500만 원까지 소득공제를 받을 수 있습니다. 소득공제뿐만 아니라 복리로 나를 위한 퇴직금을 적립한다고 생각하고 가입하는 것이 좋습니다.

여기서 만약 과거 사업 기간 중 적자가 발생해 이월결손금이 있다면 이 또한 10년 동안 나누어 공제받을 수 있습니다. 소득공제와 이월결손금까지 결정됐다면 과세표준 금액에 따라 세율이 결정되는데요. 자세한 내용은 다음 표를 참고하세요. 세율은 과세표준에 따라 6~45%까지 차이가 큽니다. 만약 과세표준이 2000만 원이라면 세율 15%를 적용받지만, 1200만 원까지는 6%를 적용하고 나머지 800만 원만 15%를 적용해 산출세액을 적용합니다. 즉, 2000만 원에 대한 산출세액은 300만

종합소득세 세율

과세표준	세율	누진공제
1200만 원 이하	6%	-
1200만 원 초과 4600만 원 이하	15%	108만 원
4600만 원 초과 8800만 원 이하	24%	522만 원
8800만 원 초과 1억 5000만 원 이하	35%	1490만 원
1억 5000만 원 초과 3억 원 이하	38%	1940만 원
3억 원 초과 5억원 이하	40%	2540만 원
5억 원 초과 10억 원 이하	42%	3540만 원
10억 원 초과	45%	6540만 원

원이 아니라 192만 원입니다. 누진공제액은 이 계산을 편하게 하려고 구간마다 정해놓은 것입니다. 산출세액은 과세표준에 세율을 곱하고 누진공제액을 제하면 됩니다.

산출세액이 정해지면 끝나는 것이 아닙니다. 세액공제 및 세액감면액을 적용해 세금을 감면해주는 제도가 있어요. 크게 자녀세액공제, 기장세액공제(100만 원 한도), 성실신고확인비용세액공제(100만 원 한도), 연금계좌세액공제가 있습니다. 자녀 1명당 15만 원이며 3명 초과부터는 다자녀 우대로 1명당 30만 원씩 세금을 감면받을 수 있어요. 또한 6세 이하 자녀 2명부터는 1명당 15만 원을 감면받습니다. 출산했거나 입양을 한 경우에도 세금을 감면받게 됩니다.

기납부세액이 있다면 그 금액만큼 제하고 세금을 냅니다. 종합소득세의 경우 매년 11월에 중간예납세액이 결정돼 미리 납부를 합니다.

이는 납세자의 부담을 덜어주고, 국가 세수의 건전성을 도모하기 위함입니다. 솔직히 아직 결정이 안 된 세금을 미리 내야 해서 더 부담되는 게 현실인데요. 즉, 5월에 종합소득세 1000만 원을 납부했다면 11월에 500만 원을 중간예납해야 합니다. 대신 다음 해 5월에는 기납부한 500만 원을 제하고 종합소득세를 내면 됩니다.

다음은 제가 세무사무실로부터 요청받은 종합소득세 자료입니다. 지방세세목별과세증명원, 사업용 대출금상환내역서, 기부금명세서, 현금간이영수증, 자동차 또는 건물화재보험료, 청첩 또는 부고장입니다. 평소 교회나 성당, 절에 다닌다면 기부금명세서를 요청해 절세를 할 수 있습니다. 특히 청첩 또는 부고장은 연간 접대비 한도 내에서 공제할 수 있고 건당 한도는 20만 원입니다. 종이로 된 문서뿐만이 아니라 문자나 카톡으로 온 것도 인정되니 평소 잘 챙겨서 절세에 활용하세요.

사업이 잘된다면 부득불 내야 할 소득세는 증가할 수밖에 없습니다. 나중에는 법인으로 전환하거나 필요경비를 늘림으로써 절세하는 방법밖에 없는데요. 우선 지금 시점에서 가능한 한 공제를 다 받고 적어도 가산세는 물지 않음으로써 납부 세액을 줄여야 합니다. 종합소득세 고민을 한다는 것은 사업이 성공 가도를 달린다는 반증입니다. 세금 때문에 너무 스트레스받지 말고 세금 업무는 세무사에게 맡기고 사업의 성장에만 집중하기를 바랍니다.

8장 06 4대 보험료의 이해와 정부 지원금 받기

4대 보험은 직장을 다닐 때는 급여에서 원천징수를 해 크게 관심이 없었던 준조세입니다. 사업을 시작했다면 사업주 몫은 물론이고, 근로자의 4대 보험 중 연금, 건강, 고용에 대해서는 50%를 산재는 100%를 부담해야 합니다. 매월 나가는 돈이라 적잖이 부담이 됩니다만 주당 15시간 미만을 일하는 직원만 있다면 4대 보험 중 고용보험과 산재보험만 가입하면 됩니다. 정부에서는 사업주의 4대 보험료 부담을 경감시키고자 보험료 중 일부를 지원해주고 있는데요. 두루누리 사회보험료 지원사업이 그것입니다.

두루누리 사회보험료 지원사업은 10인 미만의 소규모 사업을 운영하는 사업주와 근로자의 사회보험료 중 국민연금과 고용보험료 일부를 지원해주는 것입니다. 모든 직원이 가입 대상은 아니고요. 월평균 보수가 220만 원 미만인 신규가입 근로자와 사업주가 대상입니다. 여기서 식대 10만 원과 차량 지원금 20만 원처럼 비과세 급여는 월평균 보수에 포함되지 않습니다. 신규가입자란 지원신청일 직전 1년간 국민연금과 고용보험 자격취득 이력이 없는 근로자를 말합니다.

그렇다면 지원금의 양과 기간은 어떻게 될까요? 신규로 가입하는 근로자와 사업주가 부담하는 국민연금과 고용보험 보험료의 80%를 지원합니다. 2018년 1월 1일부터 신규가입자와 기존가입자 지원을 합산해 총 36개월까지만 지원합니다. 다만 기존가입자는 2018년 1월 1일 이후 지원받은 개월 수가 36개월 미만이라도 3년이 지난 2021년 1월 1일부터는 지원되지 않습니다. 즉, 기존가입자는 지원받은 기간과 관계없이 2021년 1월 1일부터 지원되지 않는다는 의미입니다.

근로자의 월평균 보수가 220만 원 미만이라도 재산이 6억 원 이상이거나 종합소득이 3800만 원 이상이면 지원을 제한하고 있습니다. 지원신청일이 속한 보험연도의 전년도 재산과 종합소득을 기준으로 합니다. 예를 들어 2022년 7월 올해 지원받고자 신청한다면 2021년 재산의 과세표준액 합계가 6억 원 이상인 자와 2021년 종합소득이 3800만 원 이상인 자는 지원 대상에서 제외돼 정부 지원금을 받을 수 없습니다. 소득자료 입수 시기에 따라 보험연도의 기준은 달라질 수 있고, 전년도 재산과 종합소득의 기준은 매년 달라질 수 있어요. 본인이 지원 대상인지 아닌지 잘 살펴봐야 합니다.

사업주가 두루누리 사회보험료 지원을 신청하면 정부에서는 우선 4대 보험을 법정기한 내에 잘 납부하고 있는지 확인합니다. 이미 완납하였으면 전달 보험료 지원금을 뺀 나머지 금액만 다음 달에 고지하는 식으로 지원합니다. 만약 그다음에 낼 보험료가 없는 경우에는 당연히 해당 월의 지원금이 없으므로 지원되지 않습니다. 신규가입자의 경우

10인 미만 사업장의 요건을 갖추고 있으면 다음 해에 별도로 지원하지 않아도 36개월 동안은 계속 지원받을 수 있습니다.

사업주와 근로자 모두 얼마나 지원받을 수 있는지 살펴보면 월평균보수가 200만 원인 신규가입자를 기준으로 사업주의 국민연금 지원금은 200만 원×4.5%×80%=월 72,000원입니다. 고용보험은 200만 원×1.05%×80%=월 16,800원으로 연간으로 따지면 1,065,600원을 지원받는 셈입니다. 같은 방식으로 계산하면 근로자는 월 84,800원으로 연간 1,017,600원을 지원받는 것입니다. 정부에서는 근로자 1명당 연간 2,083,200원을 지원하는 것이니 신규가입자 직원 9명을 둔 사업장이라면 연간 18,748,800원을 지원받을 수 있습니다. 3년이면 56,246,400원이라는 계산이 나오니 사업장 입장에서 참 매력적인 지원사업이죠.

세무 대리인이 있는 경우 대개 두루누리 지원금 신청도 대행해주고 있습니다. 혹시 직접 신청해야 한다면 전자신고와 서면신고 중 선택하면 됩니다. 전자신고의 경우 4대사회보험 정보 연계센터(www.4insure.go.kr)에서 사업장회원 가입 후, 로그인한 상태에서 안내에 따라 보험료를 신청하면 됩니다. 두루누리 지원금도 다 여러분이 낸 세금에서 지원하는 사업입니다. 신규 입사자가 있으면 받을 수 있는 대상자인지 살펴보고 누락되는 일이 없도록 살뜰하게 챙겨주세요.

두루누리 지원금 사례표

사업주 지원금
(신규가입자의 경우)

근로자 수 10명 미만인 사업장에 고용된 근로자의 월평균 보수가 200만 원이라면 매월 88,800원을 지원받을 수 있습니다. (80% 지원)

신규가입자의 사업주 지원액 예시
<월평균 보수 200만 원 기준>
근로자 수 10명 미만인 사업장: 월 88,800원(80%) 지원

200만 원 x 1.05%(요율) x 80%

사업주 부담액	월 4,200원
사업주 지원액	월 16,800원

200만 원 x 4.5%(요율) x 80%

사업주 부담액	월 18,000원
사업주 지원액	월 72,000원

근로자 지원금
(신규가입자의 경우)

근로자 수 10명 미만인 사업장에 고용된 근로자의 월평균 보수가 200만 원이라면 매월 84,800원을 지원받을 수 있습니다. (80% 지원)

신규가입자의 근로자 지원액 예시
<월평균 보수 200만 원 기준>
근로자수 10명 미만인 사업장: 월 84,800원(80%) 지원

200만 원 x 0.8%(요율) x 80%

근로자 부담액	월 3,200원
근로자 지원액	월 16,800원

200만 원 x 4.5%(요율) x 80%

근로자 부담액	월 18,000원
근로자 지원액	월 72,000원

8장 07 절세를 위한 몇 가지 꿀팁

사업자등록번호를 받는 순간 세금은 피할 수 없는 난제입니다. 사업자라면 크게 종합소득세, 부가가치세, 원천세와 4대 보험료를 내야 합니다. 재산이 많든 적든 세금을 많이 내고 싶은 사람은 세상에 단 한 사람도 없을 것입니다. 가능한 한 절세의 묘미를 발휘해 세금을 최소화하는 것이 앞으로 여러분이 꼭 풀어야 하는 당면 과제입니다. 세금별 절세를 위한 몇 가지 꿀팁을 소개합니다.

종합소득세를 덜 내기 위해서는 매출이 적거나 매입이 많으면 됩니다. 매출을 줄일 수는 없으니 가능한 매입 자료를 많이 준비해야 합니다. 첫째, 홈택스에 사업자 카드를 등록해 정당한 비용이 빠지는 일이 없도록 합니다. 둘째, 세금계산서를 꼼꼼히 받아놓습니다. 간혹 거래처에서 세금계산서 발급을 빠뜨릴 수 있으니 확인 후 꼭 챙기세요. 셋째, 노란우산공제를 적극적으로 활용합니다. 연간 200만 원만 내도 최대 99만 원의 절세 효과가 있으며, 압류가 금지되고 2.1%의 복리이자까지 지급합니다. 마지막으로 부부가 함께 사업을 하고 있다면 배우자 1명

명의로 된 사업장을 공동명의로 변경하는 것이 소득세율의 부담을 낮출 수 있습니다. 예를 들어 1명의 배우자가 9000만 원의 소득이 있다면 35%의 세율이 적용되지만, 공동명의인 경우 각각 4,500만 원의 소득이 적용돼 15%의 세율로 세금이 부과됩니다. 단순 계산으로 526만 원의 절세 효과를 누릴 수 있네요.

부가가치세는 소득이 없어도 매출이 있는 사업장에는 무조건 발생하는 세금입니다. 불법 세금계산서 등 탈세하지 않는 한 부가가치세를 줄일 방법이 없어요. 다만 조금만 부지런하고 꼼꼼하면 내지 않아도 되는 세금의 낭비를 막을 수 있습니다. 바로 거래 근거와 내역을 남기라는 것입니다. 물건을 구매할 때 무자료 거래가 100만 원이고, 부가세 포함해서 110만 원이라면 간혹 무자료 거래로 현금 구매를 하는 분들이 있습니다. 이건 절대로 물건을 싸게 사는 것이 아닙니다. 110만 원에 환급받을 부가세 10만 원이 포함돼 있을 뿐만 아니라 나중에 100만 원은 비용 처리를 할 수 있기 때문입니다. 이 원칙만 지켜도 나중에 부가가치세 자료가 부족해 발을 동동 구르는 일은 없을 것입니다.

흔히 원천세란 사업주가 직원의 급여 중 근로소득세를 미리 떼어놨다가 세무 관청에 대신 납부하는 것입니다. 같은 급여라 하더라도 비과세 여부와 크기에 따라 원천세의 크기가 달라집니다. 예를 들어 월급이 225만 원인 직원이 있다고 가정해보죠. 만약 비과세 없는 225만 원보다는 식대와 차량 유류비를 뺀 195만 원에 대한 원천세가 적기 때문에 근로자의 실지급액은 더 커집니다. 만약 공제 대상 부양가족이 있다면 원천세는 더욱 적어집니다. 여기까지는 직원에 대한 절세법이고요. 사업자 절세를 위한 4대 보험을 살펴보면 이 역시 비과세를 제외한 급여에 세율이 적용됩니다. 사업주가 부담해야 할 연금보험, 건강보험, 고용보험, 산재보험의 금액이 적어질 수 있는데요. 직원이 1명일 때는 얼마 안 되지만, 직원의 수가 많을수록 무시할 수 없는 수준의 차이를 보입니다. 결국 같은 급여라도 합법적으로 적용할 수 있는 비과세와 공제 대상 부양가족의 수를 늘리는 것이 원천세와 4대 보험료의 부담을 줄이는 절세법입니다.

절세와 탈세는 좁디좁은 담벼락 위를 걷는 것과 같다고 합니다. 좁은 길 위를 잘만 걸으면 절세가 되지만, 자칫 발을 헛디디면 탈세가 됩니다. 매입과 매출 모든 거래는 반드시 자료를 남기고 부가세가 포함되지 않은 현금 거래를 하지 않아야 합니다. 적은 금액이라도 반드시 영수증을 잘 챙기는 것에서 절세가 시작된다는 단순한 사실을 꼭 기억하고 실천하세요.

4막

카페를 그만두기로 했다

떠날 때 떠나더라도
왜 실패했는지는 반드시 복기해야 합니다.
성공한 것에서만 배울 것이 있는 것이 아니라
실패한 것에서도 분명히 배울 점이 있습니다.
장사가 안 됐다면 무슨 이유로 손님이 적었던 것인지,
건강이 좋지 않았다면 왜 건강 관리를 못 했는지,
가족에게 문제가 있다면 왜 그것을 예상하거나 막을 수
없었는지 반추해야 합니다.
지금 카페를 그만두더라도 언젠가는
다시 카페를 할 수도 있고,
카페가 아니더라도 다른 사업을 할 때 실패를
반면교사로 삼을 수 있기 때문입니다.

01

언제 카페를 양도하고 폐업할 것인가

부품 꿈을 안고 카페를 시작했을 당시만 해도 내가 만든 맛있는 커피를 찾아 하루에 손님 100명은 오겠지 하고 기대했을 것입니다. 물론 더 많은 손님이 온 날도 있었겠죠. 무엇 때문인지 점점 손님은 줄어들고, 있던 직원마저 내보내며 카페를 꾸려가는데, 더는 아니란 생각이 가슴 깊은 곳에서 밀려올 때가 있습니다. 정말 카페를 그만둬야 하는지, 아니면 사업을 하면서 누구나 겪는 슬럼프인지, 분간이 안 될 때가 있을 텐데요. 지금 카페를 수년째 하는 분이라면 한번쯤 겪었을 것이고, 이제 막 시작했다면 반드시 겪을 일입니다.

지금 카페를 하는 사장님 가운데 대부분은 게으르지도 나태하지도 않으며, 목숨을 걸고 최선을 다해 일하고 있다고 생각합니다. 그런데도 상당수는 얼마 못 가 카페 문을 닫아야 합니다. 왜 그럴까요? 수요는 일정한데 공급이 많고 특정 매장으로 손님이 쏠리는 현상 때문입니다. 아무리 커피가 맛있다고 한들 사람들이 평소보다 커피를 더 마시는 경우는 흔하지 않습니다. 그러니 더 경쟁력 있는 카페가 생기면 기존 카페의 손님이 줄어들 수밖에 없습니다. 경쟁력이라는 것이 1~2달 만에 생기는 것도 아니어서 대응하기도 쉽지 않습니다. 물러나야 할 때 떠나는 것도 후일을 도모하는 생존 전략 중 하나입니다. 흔히 2보 전진을 위한 1보 후퇴라고 하지 않습니까. 안 되는 카페를 잡고 있어봐야 별안간 나아지는 법은 없잖아요. 손실이 더 커지기 전에, 조금이라도 권리금을 더 받을 수 있을 때 매장을 정리해야 합니다.

대개 사람들이 카페를 정리하는 건 다음의 3가지 이유 중 하나 이상이 적용될 때입니다. 첫째, 가장 많은 사람이 선택하는 이유인 장사가 너무 안 될 때인데요. 자금이 부족하거나 기회비용이 커서 감당이 안 되니 부득불 장사를 접게 됩니다. 둘째, 몸이 안 좋아 더 이상 일을 할 수 없을 때인데요. 카페가 잘되고 있음에도 어쩔 수 없는 선택을 하게 됩니다. 세 번째, 가족에 문제가 있을 때인데요. 가족의 건강이 너무 안 좋거나 교육 문제 등으로 지금의 자리에서 카페를 할 수 없을 때입니다. 그나마 둘째는 건강이 온전히 회복된다는 전제하에 권리금을 잘 받고 카페를 정리할 수 있으니 불행 중 다행이라 하겠습니다.

카페를 그만둘 생각이 조금이라도 있다면 다음의 체크리스트를 참고하세요.

① 일주일 중 카페에 나가기 싫을 때가 절반 이상이다.

② 잠자리에 들기 전 내일에 대한 기대가 없다.

③ 메뉴 개발이 너무 귀찮고 싫다.

④ 아까운 마음에 식자재의 유통기한을 지키지 않은 적이 있다.

⑤ 사장임에도 매장 문을 닫을 시간이 기다려진다.

⑥ 어떤 때는 손님이 오는 것이 달갑지 않다.

⑦ 내가 만드는 커피가 맛이 없다.

⑧ 이 일을 하면서 나이 드는 것이 두렵다.

⑨ 카페를 하는 것은 커피가 좋아서가 아니다.

⑩ 다른 대안이 있다면 언제든지 업종 전환 의사가 있다.

결과

- 0개: 당신은 천상 커피 사랑꾼입니다.
- 1~2개: 아직은 때가 아니니 조금 더 힘을 내세요.
- 3~4개: 폐업을 심각하게 고려하세요.
- 5개 이상: 이제 그만 커피와 이별할 때입니다.

위 체크리스트의 질문 중 본인에게 해당하는 것이 3개 이상이라면 카페를 그만두는 것을 심각하게 고민해야 합니다. 이제 양도할 것인지 아니면 그냥 폐업할 것인지 결정하면 되는데요. 대부분은 어느 정도 권리금이라도 받고 카페를 폐업하고 싶을 것입니다. 양도한다면 매장에 대한 영업권과 시설까지 포함해 넘기는 것과 시설에 대한 일정 부분만을 인정받는 것이 있습니다.

떠날 때 떠나더라도 왜 실패했는지는 반드시 복기해야 합니다. 성공한 것에서만 배울 것이 있는 것이 아니라 실패한 것에서도 분명히 배울 점이 있습니다. 장사가 안 됐다면 무슨 이유로 손님이 적었던 것인지, 건강이 좋지 않았다면 왜 건강 관리를 못 했는지, 가족에게 문제가 있다면 왜 그것을 예상하거나 막을 수 없었는지 반추해야 합니다. 지금 카페를 그만두더라도 언젠가는 다시 카페를 할 수도 있고, 카페가 아니더라도 다른 사업을 할 때 실패를 반면교사로 삼을 수 있기 때문입니다.

02 카페 양도하기

여러 가지 사정으로 카페를 그만두고 양도하기로 마음먹었다면, 이제 얼마에 누구에게 넘길 것인가를 결정해야 합니다. 지나가는 사람에게 팔 수도 없고, 인터넷에 올려 무작정 기다릴 수도 없습니다. 이럴 때는 몇 가지 절차가 있습니다. 우선 임대인에게 현재의 사정을 설명하고 카페를 양도하겠다고 말합니다. 임대차 계약기간이 남아 있다면 같은 조건으로 남은 기간을 승계하거나, 아예 처음부터 양수받은 계약인과 새 임대차 계약을 하는 방법도 있습니다. 양도 시 세금계산서를 발급하는 문제도 있고요.

카페 양도는 크게 2가지 종류가 있습니다. 영업권을 비롯해 레시피 등과 카페 용품과 시설물 일체를 넘기는 것, 카페 용품과 시설물만 넘기는 것인데요. 아무래도 영업권과 레시피 등을 제공하면 시설물만 넘기는 것에 비해 더 많은 권리금을 받을 수 있습니다. 개인 카페라면 아무 문제가 없지만, 프랜차이즈라면 본사의 동의를 얻어야 가능합니다. 일부 프랜차이즈의 경우 원칙적으로 카페의 양수도를 허용하지 않는 곳도 있으니 사전에 꼭 확인해야 합니다.

개인 카페의 경우 아예 기존 카페 이름을 그대로 쓰기도 합니다. 만약 양도인이 상표권을 가지고 있다면 양수인이 이 문제 또한 해결한 후에 양수 절차를 진행합니다. 간혹 영업권과 레시피 그리고 시설물을 모두 넘긴 후 얼마 안 돼서 양도한 카페에서 멀지 않은 곳에 새 카페를 열기도 합니다. 이건 어디까지나 상도덕의 문제로 절대로 해서는 안 될 행동입니다. 양수인은 양수도 계약 시 이런 부분까지 계약서에 포함한 후 사인해야 뒤탈이 없습니다.

카페 용품과 시설물을 넘기는 경우 이 부분에 대한 감정평가가 이루어져야 합니다. 대략 말하자면 총투자비용을 내용연수 5년으로 나누면 되는데요. 만약 카페를 시작한 지 2년이 지났고 총투자비용이 1억 원이라면 6000만 원이 장부가가 되는 것입니다. 그렇다면 권리금으로 6000만 원을 받을 수 있느냐면 현실적으로 불가능한데요. 그 카페가 얼마만큼 장사가 됐는지, 카페 용품과 시설물의 상태는 어떠한지에 따라 달라질 수 있습니다. 어떤 경우 5년이 지났어도 4000만 원을 받을 수 있고 반면에 1년밖에 안 됐는데 4000만 원도 못 받을 가능성이 있습니다.

본인이 생각하는 권리금이 산정되면 임대인에게 사정을 말해야 합니다. 임대인의 동의를 얻었다면, 평소 친분이 있거나 과거에 거래했던 부동산중개인에게 부탁해 매물을 등록하면 되는데요. 이때 중개인과 권리금에 대해 상의해야 하는데 본인이 생각하는 금액과 큰 괴리가 있을 수 있습니다. 대개 부동산중개인의 시세가 더 정확하다고 보면 됩니다. 예를 들어 권리금으로 4000만 원을 받고 싶으면 약 20% 정도를 더 붙여 5000만 원에 내놓으면 됩니다.

여기서 중요한 것은 계약기간이 남아 있거나 곧 종료를 앞두고 있는데 임차보증금과 월세의 변동이 있을 때입니다. 계약기간이 남아 있다면 같은 조건으로 남은 기간을 승계할 것인지, 종료를 앞두고 있다면 임차보증금과 월세에 변동은 없는지 확인해야 합니다. 만약 보증금이나 월세가 상승한다면 계약이 쉽지 않습니다. 임대인에게 이 문제 또한 양해를 구하고 계약 조건을 조정해야 하는데, 이 불편한 역할을 임차인이 해야 합니다.

천우신조로 좋은 조건에 카페를 양도하기로 했더라도 아직 남아 있는 것이 있습니다. 카페 양도 시 세금계산서를 끊을 것인지 말 것인지에 관한 문제입니다. 법적으로는 당연히 세금계산서를 발급해야 합니다만, 양도 차익 발생 시 세금을 내야 하는 문제 때문에 암암리에 그냥 넘어가는 예도 있습니다. 그러나 결국 다음 해 종합소득세를 내야 할 때 이 문제가 불거질 수 있으므로 양수도 계약 시 세금계산서를 발급하는 것이 좋습니다. 양수인 역시 세금계산서를 받아야 그 금액만큼 카페 자산으로 등록해 매년 비용 처리를 할 수 있으니 꼭 챙겨야 합니다.

03 카페 폐업하기

세상 모든 것은 시작이 있으면 끝이 있기 마련입니다. 야심 차게 시작한 카페도 때에 따라서는 1년도 못 가 자의 반 타의 반으로 그만둘 수밖에 없는 상황을 맞이하기도 합니다. 시작만큼 중요한 것이 끝맺음입니다. 간혹 야반도주하듯 하루아침에 카페를 폐업하는 분들도 있는데요. 어떤 사정이 있는지는 모르지만 적어도 그동안 매장을 찾은 손님에 대한 예의는 아니라고 생각합니다. 자, 지금부터 카페 폐업을 진행해볼까요.

폐업 날짜가 정해졌다면 최소한 2~3주 전에 손님들에게 폐업 공지를 하는 것이 좋습니다. 카페를 닫는다고 공지하면, 남은 기간 손님이 더 끊길까 봐 사나흘 전에 공지하는 분들도 있는데 그런다고 오던 손님이 안 오고, 오지 않던 손님이 더 오는 것도 아닙니다. 제가 경험한 인상적인 폐업 인사는 단골손님들에게 카페 이름과 로고가 새겨진 머그잔을 선물하는 것이었습니다. 감사의 인사로 작은 선물을 준비하는 것도 고려해보세요.

법적으로 카페를 폐업하려면 시작할 때 받았던 것을 되돌려줘야 합니다. 관할 구청 민원실에 가서 영업신고증을, 담당 세무서의 민원실에서 사업자등록증을 반납해야 합니다. 이를 식품위생법상 폐업 신고 그리고 부가가치법상 폐업 신고라고도 합니다. 간혹 세무서에서 폐업 신고만 하고, 영업신고증은 반납하지 않는 분이 있는데요. 우리가 세무서에 폐업을 신고해도 그 사실이 구청에 통보되지 않아 다음 해에 면허세가 나오기 때문에 꼭 반납해야 합니다. 본인의 경우 주민등록증이나 운전면허증 등 신분증을 소지하고 반납하려는 영업신고증이나 사업자등록증만 가져가면 됩니다. 대리인을 보낸다면 위임장 등 추가로 여러 서류를 요구하기 때문에 웬만하면 본인이 가서 신고하는 것이 낫습니다.

다만 폐업 신고 날짜는 조금 더 신중해야 합니다. 폐업 이후에는 세금계산서의 발급과 수령이 불가능하기 때문입니다. 이 문제를 해결한 후에 신고해도 늦지 않으니 서두르지 말아야 합니다. 불가피하게 세금계산서 문제 등이 해결되지 않았다면 폐업 예정신고라는 것을 활용하면 좋습니다.

예를 들어보겠습니다. 2022년 4월 19일, K씨는 지난 2년 동안 운영하던 카페를 B씨에게 권리금 4000만 원을 받고 넘겼습니다. 계약서에는 B씨가 5월 2일부터 영업할 수 있도록 K씨는 늦어도 5월 1일까지 폐업해야 한다는 조항이 있었습니다. 약속대로 5월 1일 폐업을 신고하려는데 문제를 발견했습니다. 거래처로부터 미처 받지 못한 큰 금액의 세금계산서가 5월 10일에야 가능하다는 것이었는데요. 어떻게 하면 좋을까요?

구대회커피 서강대점 간판 철거 중

예정대로 5월 1일 관할 세무서에 가서 폐업 예정신고는 5월 11일로 하면 됩니다. 표면적으로는 5월 2일부터 11일까지 하나의 사업장에 2개의 사업자가 있는 것처럼 보이는데요. 세무 당국에서는 5월 2일부터 그 카페를 B씨의 사업장으로 판단하기 때문에 B씨가 영업활동을 하는 데 전혀 지장이 없습니다. 다만 K씨의 경우 5월 2일 이후 그 사업자번호로는 폐업 신고 전 발생한 상행위에 대한 세금계산서의 발급과 수령 이외에 어떠한 상행위도 불법이므로 절대로 하면 안 됩니다.

04 카페 용품 정리와 철거

지금은 카페를 폐업하지만 향후 다시 카페를 할 계획이 있다면 모든 카페 물품을 정리하지 말고 일부는 남겨두는 것도 좋습니다. 살 때는 비싸고 팔 때는 제값을 못 받는 것이 카페 용품이기 때문에 보관이 가능한 것은 처분하지 않도록 합니다. 카페 물품을 보관할 공간의 여유가 있다면 더욱 그렇겠죠. 저라면 에스프레소 머신과 그라인더는 팔지 않고 보관하겠습니다. 에스프레소 머신은 보일러의 물을 완전히 뺀 후 보관해야 합니다. 그라인더는 날을 분해해 깨끗이 청소한 후 재결합해 보관하세요.

카페 용품을 개인에게 개별적으로 팔 것인지 아니면 업자에게 통째로 넘길 것인지도 결정해야 합니다. 전자가 후자보다는 더 많은 돈을 챙길 수 있다는 장점이 있지만, 굉장히 수고스럽다는 단점이 있습니다. 더구나 폐업까지 기간이 며칠 남지 않았을 경우 자칫하면 카페 용품을 처분하지 못할 수 있습니다. 결국 조급한 마음에 업자에게 시세보다 더 낮은 가격에 넘겨야 하는 상황에 직면하기도 합니다.

포털사이트나 중고 거래 사이트에 올라온 카페 용품 매수 글은 거의 100% 업자들이 올린 것입니다. 본인이 중고 거래 사이트에 올려 개인과 거래하면 그나마 좋은 가격을 받을 수 있는데요. 작은 용품은 관계없지만 제빙기 등 큰 물건은 배송하는 것 자체도 보통 일이 아닙니다. 매수하는 쪽에서 가져가는 방법이 제일 좋은데요. 매도자 역시 배송비 정도는 빼주는 것이 인지상정입니다.

카페 물품을 정리하려면 적어도 1달 전에는 중고 거래 사이트에 매도 물건을 올리는 것이 좋습니다. 폐업 날짜 즈음에 매물을 인수한다는 조건을 걸면 최대한 길게 영업하면서 물건을 팔 수 있습니다. 간혹 물건을 산다고 했다가 며칠 안 남기고 매수 의사를 철회하거나, 갑자기 잠수를 타는 경우도 있으니 주의해야 합니다. 저렴한 제품은 관계없으나, 에스프레소 머신이나 그라인더, 제빙기 같은 것은 사전에 제품을 보여주고 예약금이라도 받는 것이 좋습니다.

이제 팔리지 않은 카페 용품을 정리하고 카페 인테리어와 간판 등을 철거해야 합니다. 철거 비용은 카페 규모와 난이도에 따라 다르지만, 평당 15만 원 정도는 생각해야 합니다. 일부 임대인의 경우 나가는 임차인에게 원상복구를 요구하기도 합니다. 이 문제로 임대인과 임차인 간에 거친 실랑이가 벌어지기도 합니다. 악덕 임대인의 경우 임차보증금을 돌려주지 않거나, 원상복구 명목으로 일부를 떼고 주기도 합니다. 가능하면 카페 인테리어 전의 매장 상태를 사진으로 남겨야 분쟁을 최소화하는 데 도움이 됩니다.

05 권리금의 종류와 법적인 근거

권리금이란 유무형의 재산적 가치의 양도 및 이용 대가로서 신규 임차인이 임대인에게 지급하는 보증금과 차임과는 별도로 현 임차인에게 지급하는 금전 등의 대가를 말합니다. 종류로는 바닥 권리, 시설 권리, 내부 집기에 대한 권리, 영업권에 대한 권리 등이 있는데요. 다른 것은 그렇다고 해도 바닥 권리는 무엇인지 도무지 이해가 안 가는 분들이 있을 것입니다. 저 역시 처음 매장을 시작할 때만 해도 권리금에 대해 이해가 어려웠습니다. 이는 쉽게 말해 매장을 운영하는 동안, 그 상가의 트래픽에 대한 기여분 정도로 생각하면 됩니다. 다른 업종을 하더라도 자릿세 명분으로 바닥 권리를 요구하기도 합니다.

저 역시 상가임대차계약서를 쓸 때 거의 매번 경험하는 것이 있습니다. 계약서에 "임대인은 본 계약에 대해 권리금을 인정하지 않으며, 임차인 역시 이를 주장하지 않는다는 것에 동의합니다"라는 내용인데요. 임차인이 계약을 위해 어쩔 수 없이 이 내용에 대해 서명했더라도 법률에 반하는 것이라 임대인은 대항력을 가지지 못합니다. 예를 들어 근로자가 최저임금 아래로 시급을 받는 것에 동의했다 하더라도 사업주는 반드시 최저임금 이상의 시급을 지급해야 하는 것과 같은 논리입니다.

임대인들이 주장하는 내용은 하나같이 같습니다. 권리금을 인정하면 뒤에 오는 임차인에게도 권리금을 줘야 하므로 임차인을 구하기 어렵다는 것입니다. 이것은 임대인의 권리금에 대한 이해의 부재와 아집에서 오는 폐단입니다. 권리금은 임차인 간의 금전적인 보상인데 임대인이 개입할 여지는 없는 것이죠. 임차인을 구하기 어렵다는 논리 또한 말이 안 됩니다. 임대차 계약이 끝나면 권리금도 소멸하기 때문에 뒤에 계약하는 임차인은 권리금을 줄 대상이 없는 것이죠. 간혹 계약 이후에도 상가를 비워놓고 임차료를 내면서 권리금을 요구하는 때도 있었습니다. 이 역시 임대인으로서는 임차료를 받고 있어서 손해날 일이 없죠. 결국 임차인의 권리금 요구를 막을 명분은 그 어디에도 없는 것입니다.

권리금의 법적인 근거는 무엇일까요? 상가건물 임대차보호법 제10조의4(권리금 회수 기회 보호 등)에 따르면, 임대인은 임대차 기간이 끝나기 6개월 전부터 종료 시까지 임차인이 권리금을 회수할 기회를 방해해서는 안 된다고 명시하고 있습니다. 구체적인 방해 금지 내용으로는 임차인이 주선한 신규 임차인이 되려는 자에게 권리금을 요구하거나 수수하는 행위, 임차인이 주선한 신규 임차인이 되고자 하는 사람에게 권리금 또는 현저히 고액의 차임과 보증금을 요구하는 행위가 있습니다. 그 외에도 임차인에게 권리금을 지급하지 못하게 하는 행위, 그 밖의 정당한 이유 없이 임차인이 주선한 신규 임차인이 되려는 자와 임대차 계약의 체결을 거절하는 행위 등이 있습니다.

그렇다면 전체 임대차 기간이 10년을 초과해 임차인이 계약갱신요구권을 행사할 수 없는 경우에는 권리금 회수 기회를 가지지 못할까요? 예를 들어 10년간의 임대차 계약이 끝나기 6개월 전 기존 임차인이 신규 임차인을 찾아 권리금을 회수하려고 합니다. 이때 임대인이 자기가 그 상가를 쓴다며 권리금 회수를 방해한다면 어떻게 해야 할까요? 대법원 판례 2018다252458에 따르면 "최초의 임대차 기간을 포함한 전체 임대차 기간이 5년을 초과해 임차인이 계약갱신요구권을 행사할 수 없는 경우에도 임대인은 상가임대차법 제10조의4 제1항에 따른 권리금 회수 기회 보호 의무를 부담한다"라며 "임대인이 스스로 영업할 계획이라는 이유만으로 임차인이 주선한 신규 임차인이 되려는 자와 임대차 계약의 체결을 거절한 것은 정당한 사유가 아니다"라고 명시하고 있습니다.

카페를 폐업하는 과정에서 신규 임차인을 구할 때 권리금 때문에 임대인과 충돌할 일이 있을 것입니다. 권리금 회수 기회는 임차인이 가지는 기본적인 권리이므로 당당하게 요구해야 합니다. 다만 임대차 계약이 종료되기 최소한 3개월 전에 임대인에게 말하고 신규 임차인을 구하는 것이 좋습니다. 가능하면 법적인 권리를 가지는 6개월 전부터 신규 임차인을 구하면 좋으나, 대개 폐업하기 2~3개월 전부터 그 의사를 굳히기 때문에 6개월이라는 기간이 현실적이지는 않습니다.

06 시작만큼 중요한 마무리

무슨 일이든 마지막에 이르면 마음이 풀어지기 마련입니다. 빨리 그 일에서 벗어나 잊고 싶은 것이 사람의 마음입니다. 비근한 예로 회사를 그만두고 떠날 때 어떤 마음이었나요? 떠나기 며칠 전부터 그동안 함께했던 사람들과 인사라도 나누었나요? 대개는 그렇지 않았을 것입니다. 요즘은 과거보다 더 이런 절차들이 생략되고 간소화되고 있는데요. 인터넷과 SNS의 발달도 한몫했습니다. 카페를 정리하고 이제 새로운 시작을 앞둔 여러분에게 당부하고 싶은 몇 가지가 있어 소개합니다.

카페 운영이 실패였든 성공이었든 그간에 있었던 일들에 대해 복기를 하라는 것입니다. 잘못한 것은 무엇이며, 잘한 것은 어떤 것이었는지 차분하게 적어보세요. 잘못한 것은 왜 그렇게 행동할 수밖에 없었는지 되돌아봐야 합니다. 그 당시에는 당연하게 생각했던 일이었는데 지금 돌이켜 보면 다른 행동을 했을 수도 있었을 것입니다. 다음에는 같은 실수를 하지 않도록 꼭 기록해두세요. 잘한 일 가운데는 조금만 더 신경

셨더라면 더 좋은 결과를 얻었을 수도 있었을 것입니다. 또 시대가 변하면 과거의 성공 사례가 발목을 잡기도 하는데요. 시대의 변화에 맞춰 개선할 것은 없는지 다시 한번 복기해봅니다. 분명 다음에는 더 잘할 수 있을 거예요.

카페를 하면서 알게 된 거래처가 있을 것입니다. 그분들에게 감사 인사를 하세요. 덕분에 카페를 이 정도라도 할 수 있었다고요. 카페를 접는 마당에 무슨 인사를 하냐며 아연실색할 분도 있을 것입니다. 분명 나중에 다시 연락할 일이 생길 거예요. 그렇지 않더라도 그들이 다른 사람들에게 당신에 대해 좋은 평을 해줄 것입니다. 과거 거래처 가운데 아무 연락도 없이 거래를 끊는 분들이 있었는데요. 전화가 어려우면 문자라도 주면 좋았을 텐데 하며 마음이 씁쓸했습니다. 혹시 내가 잘못한 것은 없었나 반성도 하면서 나는 저렇게 행동하지 말아야겠다고 다짐하게 됐습니다.

아침에 일어나서 할 수 있는 가장 단순하면서도 중요한 일과는 무엇일까요? 바로 침대와 이부자리를 정리하는 것입니다. 이것 하나만 봐도 그 사람의 생활 태도와 정신 자세를 엿볼 수 있죠. 미국의 전설적인 4성 장군이자 해군 제독인 윌리엄 맥레이븐은 성공하는 사람들의 특징으로 침대 정리와 같은 기본 행동의 중요성을 강조했습니다. 이것은 카페 정리에도 적용할 수 있습니다. 카페 내부 철거가 끝난 텅 빈 상가에서 바닥에 남은 작은 쓰레기와 먼지를 쓸어보세요. 그리고 벽과 기둥을 어루만지며 작별 인사를 건네세요. 당신이 지난 몇 개월에서 몇 년 동안 숨을 들이쉬고 내쉰 소중한 공간이었으니까요. 비록 카페는 철거로 텅 비었지만, 과거의 기억까지 사라진 것은 아닙니다. 분명 다른 감정을 느낄 수 있을 것입니다. 지금껏 고운 정 미운 정 들었던 매장과의 마지막 인사는 꼭 하고 떠나세요. 이것은 침대 정리처럼 가장 기본적이고 중요한 행동이며 향후 당신의 삶을 변화시킬 티핑포인트가 될 수도 있습니다.

이제 마지막입니다. 간판을 뗄 차례입니다. 아마 철거업자가 아무렇게나 떼서 고물상에 팔아버릴 것입니다. 적어도 이 순간은 함께하세요. 당신이 카페를 처음 열 때 간판을 달면서 얼마나 설렜는지 기억해보세요. 간판은 새로운 꿈이고, 목표를 담은 상징 아니었나요. 철거업자가 뗀 간판을 비록 고물상에 넘기지만, 그동안 고마웠다고 수고 많았다고 간판에 인사를 하세요. 피치 못할 사정으로 떠나보내지만, 고물 취급은 하지 마세요. 당신이 이름을 짓고, 마음이 아파 낳은 자식과 같은 존재가 간판입니다.

커피를 좋아해 시작한 카페, 그동안 고생과 우여곡절이 많으셨죠. 직장을 다니다 자영업자의 길에 들어섰을 때만 해도 불확실한 미래에 대한 불안감과 초조함, 그리고 기대감으로 마음 졸였을 것입니다. 이제 좀 쉬면서 차분히 새로운 출발을 준비하세요. 지금보다는 더 나은 미래를 만들 수 있을 거예요. 그동안 참 고생 많으셨습니다.

카페 스타트업 북

초판 1쇄 발행 2022년 10월 31일

지은이 구대회

펴낸이 구대회
펴낸곳 여니북스

책임편집 김민영
디자인 캠프
마케팅 타인의취향
인쇄 교학사

출판신고 제 2022-000206호
주소 서울특별시 마포구 창전로2길 7-3, 1층
홈페이지 www.yonibooks.co.kr
이메일 yonibooks@naver.com
대표전화 0507-1355-8739

ISBN 979-11-979737-0-3 13570